생활 속의 화학

인류의 꿈을 찾아서

전파과학사는 독자 여러분의 책에 관한 아이디어와 원고 투고를 기다리고 있습니다. 전파과학사는 종교(기독교), 경제·경영서, 일반 문학 등 다양한 장르의 국내 저자와 해외 번역서를 준비하고 있습니다. 출간을 고민하고 계신 분들은 이메일 chonpa2@hanmail.net로 간단한 개요와 취지, 연락처 등을 적어 보내주세요.

생활 속의 화학
인류의 꿈을 찾아서

초판 1쇄 1981년 10월 05일
개정 1쇄 2022년 07월 19일

–
지은이 W. 릭스너·G. 뵈크너
옮긴이 박택규
발행인 손영일
디자인 장윤진

–
펴낸곳 전파과학사
출판등록 1956. 7. 23 제 10-89호
주   소 서울시 서대문구 증가로18, 204호
전   화 02-333-8877(8855)
팩   스 02-334-8092
이메일 chonpa2@hanmail.net
홈페이지 www.s-wave.co.kr
공식 블로그 http://blog.naver.com/siencia

ISBN 978-89-7044-295-2(03430)

생활 속의 화학

인류의 꿈을 찾아서

W. 릭스너 · G. 뵈크너 지음 | 박택규 옮김

전파과학사

차례

1장

광합성과 원소의 순환

1972년 7월 22일, 소련(현 러시아)의 타스통신은 무인우주선 베로나 8호가 금성의 연착륙에 성공해서 즉시 학술상 귀중한 자료를 송신해 왔다고 보도했다.

　　예로부터 금성은 초저녁의 샛별, 새벽의 샛별이라 일컬으며 인간에게 친숙한 것이었는데, 베로나 8호의 탐색에 따르면 이러한 우아한 이미지와는 전혀 닮지 않은 「지옥의 가마솥 속」에 가까운 상황임이 알려졌다.

　　금성의 표면 온도는 475℃ 안팎, 즉 금속 납이 녹는 온도이며, 기압도 7~80으로 생물이 살아가는 데 적당하다고 할 수 없다. 금성의 대기의 성분은 이산화탄소 93~97%, 질소 2~5%, 수증기 0.4~1.1%로서 산소는 겨우 0.4%밖에 함유되어 있지 않다. 금성의 상공 약 60km에는 얼음의 결정과 수증기로 된 구름의 층이 있어서 이것이 금성 전체를 둘러싸는데, 이 구름층이 말하자면 「온실효과(溫室效果)」 구실을 하여 금성의 온도가 높은 상태에 있는 것이라고 믿고 있다. 금성의 대기 중에 대량으로 함유되어 있는 이산화탄소가 낮에는 태양열을 대량 흡수하지만 반대로 밤에는 열 방사가 적기 때문에 일어나는 현상일 것이다.

　　그런데 이러한 가혹한 조건 하에 있는 금성에도 지구와 마찬가지로 생물이 살고 있을까? 이러한 가능성을 탐색하는 것도 소련의 금성연착륙계획에 포함되어 있었으며, 연구진의 결론은 「존재 가능」이었다. 생물의 존재 가능한 공간, 말하자면 생물권이 금성을 둘러싸는 구름의 층 속에 있다고 측정했다.

　　이곳의 온도는 0℃ 부근, 기압도 1기압 안팎이어서 태양계 중에서는 지구상의 조건과 가장 비슷하다. 세계적으로 유명한 오파린 박사도 이곳이라면 수분도 있어서 대기 중에 부유하는 미생물 종류가 존재할 수 있는 가능성도 있다고 한다.

한편 이러한 보도를 문자 그대로 받아들여 미국의 천체물리학자 세이건(Carl Sagan) 박사도 『사이언스』 잡지에, 금성의 대기는 어떤 종의 단세포 생물에게는 이상적인 환경이며, 이러한 미생물이 태양광선의 작용으로 이산화탄소와 물로부터 산소를 생성할 가능성이 있다는 점 등을 지적했다.

나아가서 세이건 박사는 금성의 대기 중에 남조류(藍藻類)와 같은 미생물을 수천 톤 이식하면 어떨까 제안했다. 남조류라면 금성의 대기 중에서도 급속히 증식해서 그 결과 이산화탄소가 감소하고 산소가 증가하여 기압이나 기온도 급격히 저하해 대체로 1000년 후에는 현재 지구 정도의 조건으로 완화되리라고 한다. 금성이 「제2의 지구」가 된다는 이야기이다. 세이건 박사의 커다란 스케일의 꿈과 같은 제안이 실현에 옮겨진다면 지구의 인구 문제도 해결되리라 생각되지만 필자는 이 제안이 진지하게 받아들여지고 있는지 알 수 없다.

이제 지구상의 현실로 돌아와서 생물과 물질의 흐름에 주목하기로 하자.

지구상에 있는 모든 생물의 에너지원은 태양광선인데 태양에너지를 물질대사에 이용하는 능력이 있는 것은 엽록소를 함유하는 식물체의 남조류, 녹조류, 식물 플랑크톤, 고등식물만으로서 동물에게는 이러한 능력이 없다. 이 태양에너지를 이용하는 과정이 말하자면 광합성으로 화학식으로 나타내면 다음과 같다.

$$CO_2 + H_2O + 빛 \rightarrow CH_2O(에너지) + O_2$$

이산화탄소와 물, 빛으로부터 에너지의 덩어리와 같은 탄수화물과 호흡에 없어서는 안 되는 산소가 생성된다.

편의상 이 식에서는 생성물을 탄수화물의 최소 단위 포름알데히드(CH_2O)로 나타내는데 대표적인 탄수화물은 더 말할 나위 없이 포도당($C_6H_{12}O_6$)이다.

광합성의 역반응을 이용해서 살아가는 식물 이외의 생물로서 동물은 호흡에 의해 산소를 흡입하여 탄수화물을 연소시켜 이산화탄소와 물로 변화시킨다. 이때 발생하는 열을 스스로의 생명 활동에 이용한다.

$$CH_2O + O_2 \rightarrow CO_2 + H_2O(에너지)$$

이와 같이 식물의 광합성에서나 동물의 에너지 섭취반응에서는 이산화탄소의 형태로 탄소와 산소가, 그리고 물의 형태로 수소와 산소가 관여한다. 따라서 지구상의 생물에게 특히 중요한 원소는 탄소, 수소, 산소에 단백질이나 핵산의 성분인 질소를 추가해서 이 네 가지를 드는 것이 타당할 것이다.

이 네 가지 원소 이외에도 (그 양은 별도로 하고) 생물이 살아가는 데 필요한 원소가 꽤 많다. 중요한 것을 들면 인(P), 황(S), 나트륨(Na), 칼륨(K), 칼슘(Ca), 마그네슘(Mg), 철(Fe), 망가니즈(Mn), 코발트(Co), 구리(Cu), 아연(Zn), 염소(Cl) 등이다. 생체의 골격을 만드는 물질, 물질대사를 제어하는 물질, 증식에 관여하는 물질 등에는 반드시 이러한 원소가 포함되어 있다.

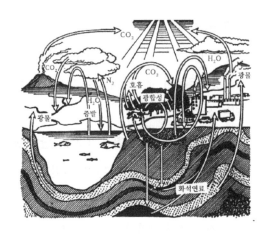

원소는 순환한다

　　이렇게 생물에 있어서 중요한 원소는 지구상의 생물권에서는 모두 순환해서 전체로서의, 하나의 밸런스를 유지한 생물권으로서의 기능을 지닌다. 이러한 원소는 양적으로 한정되어 있고, 다른 원소로 그 역할이 대체되지 않기 때문이다. 이 순환현상은 보통 「원소의 순환」이라 불린다. 이 순환계는 매우 정교하게 제어되어서 예컨대, 산소의 양 등은 광합성에 의해서 쉴 새 없이 조절되어 현재로서 산소가 소비되어 없어지는 일이란 있을 수 없다. 오랜 옛날 원시의 공기 중에는 산소가 함유되어 있지 않았으나, 최초의 유기물이 원시 바다의 얕은 여울에서 태양 빛의 혜택을 받아 광물질의 표면에서 생성되고 이 유기물 속에서 원시생물이 발생하여 물과 이산화탄소를 만들고, 다시 고등식물, 고등동물의 탄생을 가져오는 진화의 조건을 정비해 나갔던 것이다.

이러한 원소는 일단 사용되어 변화해도 태양에너지의 힘으로 다시 본래의 형태로 되돌아간다. 이 재생반응의 속도는 종류에 따라 각양각색이다. 같은 탄소라 할지라도 동식물을 구성하는 유기물 중 탄소처럼 재생이 10년의 척도로 측정되는 경우도 있으며, 석탄이나 석유와 같은 화석연료의 탄소와 같이 생물권에 되돌아오는데 수억 년의 세월을 필요로 하는 경우도 있다. 칼슘의 경우에는 탄산수소칼슘[$Ca(HCO_3)_2$]의 형태로 대륙의 산간부에서 녹아 나와서 하천을 따라 바다에 흘러 들어가고, 여기에서 탄산칼슘($CaCO_3$)의 형태로 주로 조개껍질이 되어 바다 밑에 가라앉아 지각의 변동 등 지질학적인 과정을 거쳐서 다시 석회석의 산으로 되돌아가는데, 이러한 사이클은 수억 년이 걸린다.

현재에는 옛날과 비교할 수 없을 만큼의 속도로 여러 가지 원소가 인공적으로 대기나 바다에 방출되고 있다.

이렇게 당연히 오늘날까지는 없었던 새로운(좋은 일이라고는 생각되지 않는) 순환계가 생겨 일부는 납, 수은, 어떤 종류의 농약을 비롯한 유해물질이 대량으로 확산되어 순환하는 예도 있다. 이러한 결과가 바로 대도시 주변의 스모그 발생이나 하천에서 어패류의 죽음으로 나타나게 되는 것이다.

화학, 분자의 과학

화학이라는 무대에 등장하는 것은 물질로 보면 원소와 화합물[1]이고, 미시적으로 보면 원자와 분자[2]이다. 이미 기원전에 그리스의 철학자는 모든 물질은 소수의 원소 또는 원자로 되어 있다고 밝히고 있다. 화학의 기원을 그곳에서 찾아볼 수 있다.

중세로부터 근세 초엽까지는 연금술의 시대로서 연금술사들의 일터에는 어떤 비밀스러운 것, 즉 마법과 비법이 꿈틀거렸다. 만병에 효험이 있고, 더욱이 금으로 변환시킬 수 있는 능력을 지녔다고 하는 현자의 돌을 찾으려는 연금술사들의 노력은 실현되지 않았으나 그것을 찾으려는

---

1 **원소와 화합물:** 탄소, 수소, 산소, 질소 등과 같이 화학적인 방법으로는 그 이상 더 간단한 것으로 나누어지지 않는 물질을 원소라 한다. 이 원소는 광합성의 식에서 사용한 보통 원소기호라는 약호로 나타낸다. 탄소는 C, 수소는 H, 산소는 O, 질소는 N이다. 오늘날 천연의 원소는 92, 인공원소는 11(책의 저술 시점 이후 15종이 더 발견되어 2022년 기준 26개의 인공원소가 존재한다)개가 확인된다. 현재 100만 이상의 물질이 알려져 있으나 겨우 이러한 작은 수의 원소로 이루어져 있다.
   물, 이산화탄소, 소금 등과 같이 몇 종류의 원소가 서로 간단한 정수비로 화학적으로 결합되어 있는 이러한 물질을 화합물이라 한다. 화합물은 원소의 혼합물이 아니다. 예컨대 물에는 수소와 산소가 2:1의 비율로 함유되어 있으나, 물의 성질은 수소와 산소가 2:1의 비율로 혼합되어 있는 기체의 성질과는 전혀 다르다. 원소와 화합물의 관계는 원자와 분자의 관계에 해당된다.

2 **원자와 분자:** 원소를 세분화해가면, 즉 그 이상 분할시키면 원소 고유의 성질을 잃어버리는 한계에 이르게 된다. 이 원소의 최소 단위가 원자이다. 원소기호는 원자를 나타낸다고 말할 수 있다. 원소의 경우 마찬가지로 화합물 고유의 성질은 잃어버리지 않는다. 분자는 화합물의 최소 단위이다. 물의 분자는 수소 2원자와 산소 1원자로 된 화합물인데 분자식은 H_2O이고, 과산화수소의 분자는 수소 2원자와 산소 2원자로 된 화합물인데 분자식은 H_2O_2이다.

과정에서 여러 가지 물질의 성질이나 화학변화[3]에 관한 지식이 축적되고 드디어 17세기 18세기에 이르러 초기의 화학자들을 배출할 수 있는 터전을 만들었을 뿐만 아니라 아울러 연금술로부터 학문으로서의 화학에로 비약하는 도약대의 역할을 다했던 것이다.

우리를 둘러싸는 물질의 세계가 원자와 분자로 구성되어 있다는 개념이 사실로 확인된 것은 20세기 초두의 일이었다. 오늘날에는 누구든지 원자나 분자의 존재를 의심하지 않을 뿐 아니라, 그것의 실체에 관해서도 매우 정확하게 알아서 가장 새로운 장치를 사용한다. 또 이론의 도움을 받아 컴퓨터를 사용하면 원자나 분자의 크기나 무게로부터 전기적, 자기적 성질은 말할 것도 없고, 입체구조와 반응성에 이르기까지 매우 정확하게 알 수 있다.

이러한 지식을 바탕으로 세계의 대학, 연구기관, 화학회사, 제약회사 등의 실험실에서 매일 수백 종의 새로운 화합물이 합성되며, 현재까지 100만을 넘는 물질이 알려져 있다.

이와 같이 엄청난 수의 화합물의 합성법이나 그 성질이 등록, 정리되어 있으며, 전문적인 도서관이나 컴퓨터 방식의 데이터 센터에 가면 알고

---

3 **물리변화와 화학변화:** 소금물을 가열해서 수분을 증발시키면 소금분이 남는다. 이러한 변화는 물질의 기본적인 성질을 변화시키는 것이 아니며 이를 물리변화라 한다. 금속의 압연(壓延), 암석의 부숨, 얼음의 융해 등도 물리변화이다.
    이에 비해 화학반응과 같이 반응에 관여하는 물질의 구조에 본질적인 변화를 일으키는 것이 화학변화이다. 소금물에 어떤 조건에서 직류전류를 통하면 전기분해가 일어나서 수소가스와 염소가스가 발생하는데 이것도 화학변화의 보기이다. 원소로부터 화합물이 생성되는 것도 역시 화학변화이다.

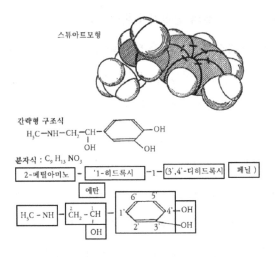

스튜아트모형

간략형 구조식

$H_3C-NH-CH_2-CH-$〔벤젠고리에 $-OH$, $-OH$〕

분자식 : $C_9H_{13}NO_3$

| 2-메틸아미노 | - | '1-히드록시 | -1- | (3',4'-디히드록시 | 페닐) |

에탄

H_3C-NH | $\overset{2}{CH_2}-\overset{1}{CH}$ | $-1'-$〔벤젠고리 $6'$ $5'$ $4'-OH$ $2'$ $3'$ $-OH$〕

OH

아드레날린의 구조식

싶은 화합물의 유무나 그 성질을 단시간 내에 검색할 수 있도록 되어 있
어 그다음의 연구에 이용된다.

그러나 이러한 화합물의 수가 증가하면 데이터를 정리하거나 검색하
는 데 그 화합물에 잘 어울리는 계통적인 명명법이 필요하게 된다. 그러
므로 우리의 건강과도 관계가 깊은 부신피질호르몬인 아드레날린을 예로
들어 그 분자모형, 구조식, 명명법의 관계를 위 그림에 나타냈다.

아드레날린을 주사하면 교감신경에 작용해서 혈관 확장, 혈압상승,
심장기능이나 물질대사기능의 항진 등을 일으켜 전체적으로 긴장된 상
태를 만든다. 아드레날린 분자는 탄소(C)원자 9개, 수소(H)원자 13개, 질
소(N)원자 1개, 산소(O)원자 3개를 함유한다. 이러한 조성을 화학에서는

$C_9H_{13}NO_3$로 나타낸다. 이것이 아드레날린의 분자식인데 각 원자가 어떠한 순서, 어떠한 형태로 결합되어 있는가 등은 이러한 분자식으로는 알 수 없다.

이것을 보충하는 것이 분자모형이며, 그 종류에는 여러 가지가 있어서 장단점이 있기 마련인데 그림에는 대표적인 것으로서 스튜아트모형을 나타냈다. 물론 이것은 실제의 원자 분자의 크기를 확대한 것으로서 실제로는 아드레날린의 크기가 1밀리의 100만 분의 1 정도이다. 스튜아트모형을 보면 분자 전체 그리고 각 부분의 공간적인 배열을 일목요연하게 알 수 있는 장점이 있다. 그러나 보통은 벤젠핵과 같이 빈번하게 나오는 단위는 하나로 묶어 쓰는 간략형을 사용한다.

아드레날린이라는 이름은 관용명으로 아드레날린의 학명은 2-메틸아미노-1-히드록시(3′4′-디히드록시)페닐에탄[2-methylamino-1-hydroxy(3′4′dihydroxy)phenylethane]인데 구조식과 명명법의 관계를 그림의 아랫부분에 나타냈다. 그러나 학명을 듣기만 하고도 구조식을 척척 그릴 수 있을 만큼 되려면 몇 년 동안 본격적으로 화학 공부를 해야 한다.

분자와 에너지 저장 탱크

SF소설에 가끔 이러한 장면이 나온다.

… 우주선이 고장 나서 주인공이 우주의 일각에 있는 유성에 불시착, 전복된 우주선에서 겨우 탈출에 성공했다. 한숨 돌리자 그는 비로소 공복

감이 엄습해 왔다. 우주복의 주머니에서 끄집어낸 정제의 우주식 한 알로 24시간은 충분히 활동할 수 있는 것이다. 한 알을 먹으면 힘이 샘솟는 것을 그는 기억했다. … 그러나 현재의 생화학의 지식으로 말하자면 안타깝게도 이러한 장면은 문자 그대로 가공소설이다.

우리가 살아가기 위해서는 매일 일정량의 단백질, 탄수화물, 지방, 비타민 등이 필요하다. 어쨌든 의자에 앉아 있기만 하거나, 책을 읽는 데도 에너지가 소비된다. 이러한 음식물은 체내에서 끊임없이 산화되어 에너지를 내보낸다. 산화반응에서 얻는 에너지는 체온, 호흡, 혈액순환, 배설로부터 운동기능에 이르기까지 우리가 정상적으로 활동하는 데 필요한 에너지를 감당한다. 그러므로 우리들의 몸을 보일러나 자동차의 엔진과 같은 열기관과 비유하는 일이 흔히 있다. 인간은 음식물을 연료로 하는 열효율이 좋은 열기관이다. 보통의 열기관에서는 연료를 태워 발생하는 열로서 고압증기를 발생시키거나, 실린더 속의 기체를 팽창시켜서 피스톤을 움직여 운동에너지를 얻지만(화학에너지→열에너지→운동에너지) 사람의 몸에는 음식물 속의 화학결합으로 축적되어 있는 화학에너지를 직접 운동에너지로 변환시킬 수 있는 능력이 있다.

체내에서 음식물이 산화되는 반응은 여러 가지 간단한 반응이 연속되어 있는 복잡한 계(복합반응)로 되어 있어서 음식물은 계속 단계적으로 산화되어 녹말이나 당질과 같은 탄수화물이면 최종적으로는 보통의 열기관의 경우와 마찬가지로 물과 이산화탄소로 된다. 음식물이 지닌 화학에너지의 거의 대부분이 직접 운동에너지로 변하므로 보일러나 자동차 엔진과 같은 보통의 열기관과 비교하면 열역학적으로 매우 효율이 좋다. 열에너지는 열역학의 법칙[4]에 의해서 이론적으로는 일부분만이 운동에너지나 다른 에너지로 변할 수 없는 숙명에 있다. 인체라는 엔진은 열에너지를 뛰어넘고 열역학이라는 법망을 돌파하는 것이다.

음식물에 비축되어 있는 에너지의 양은 음식물을 연소시켜서 발생하는 열량을 측정하면 알 수 있다. 열량의 단위는 칼로리(cal)인데, 1kcal는 1g의 물의 온도를 1℃씩 올리는 데 필요한 열량이므로 단위로서는 너무 작으므로 보통은 1,000배의 킬로칼로리(kcal)를 사용한다. 1kcal는 70kg의 무게를 지닌 물체를 6m 올리는 데 필요한 일에 해당한다. 예컨대 설탕 1g이나 단백질 1g은 열량적으로는 모두 약 4kcal이며, 지방 1g은 약 9kcal이다. 이러한 것으로 미루어 볼 때 음식물 속에는 거대한 에너지 저장 탱크가 숨겨져 있음을 알 수 있다.

어른 한 사람이 하루에 필요한 cal는 평균 약 3,000kcal로 특히 심한 일에 종사하지 않아도 정상적인 기능을 유지하기 위해서는 이런 양의 에

---

4 **열역학:** 열역학은 세 가지 법칙으로 이루어져 있으며, 여러 가지 표현방법이 있다. 제1법칙은 에너지보존의 법칙으로서 고립계에서는 화학변화를 할 때 에너지는 여러 가지 형태로 변환되지만 새로 만들어지거나 없어져 버리는 일이 없다는 것이다. 제2법칙은 저온의 물체로부터 고온의 물체로 열이 저절로 옮겨가지 않는다. 유한한 장치를 사용하여 열에너지를 완전히, 그리고 무제한으로 사용할 수 있게 변화시킬 수 없다. 이것이 제2법칙이다. 열이 에너지의 형태로서 특수한 것임을 말하는 법칙이다. 제3법칙은 네른스트(Walther Hermann Nernst, 1864~1941)의 열정리로 자연계에는 최저온도가 존재한다는 것을 말한 원리로 이 최저온도는 절대영도(K, -273℃)라 한다.
오늘날 화학공장에서는 흔히 우선 최저반응조건을 열역학적으로 계산한다. 열역학인 고찰은 화학에서는 물리화학의 분야에 속한다.

너지를 섭취하지 않으면 안 된다. 이것을 탄수화물, 단백질, 지방이 함유된 보통의 식사로 환산하면 1일 최저 500g의 영양가가 높은 음식물을 섭취하는 것에 해당한다. 그러므로 식사로 알약처럼 된 정제를 먹는 SF소설의 장면은 소설로서는 재미있을지 모르나 현실에서는 있을 수 없는 일이라 하겠다.

이것으로 화학결합이라는 모양으로 원자와 원자 사이에 축적되어 있던 에너지가 화학변화할 때 방출되는 것을 이해할 수 있으리라 생각된다. 화학에너지는 열에너지나 운동에너지 외에 전기에너지로 변환될 수도 있다(자동차의 배터리). 반대로 전기에너지는 열과 달라서 100% 화학에너지로 되돌아갈 수 있다(배터리의 충전).

빛과 화학에너지의 관계에 관해서는 광합성에서 이미 설명했다. 광합성할 때 우리에게 혜택을 주는 태양광선도 유해한 작용을 할 때가 있다. 예컨대 일광욕도 지나치면 화상처럼 볕에 데어서 살이 부어오르는 증상을 일으키는 것은 알고 있을 것이다. 이것은 자외선에 의해서 세포가 손상을 입기 때문이다. 만약 태양으로부터의 자외선이 지구로 전부 들어온다면 지구상의 생물은 짧은 시간에 모두 사멸되어 버릴 것이다. 이러한 사태가 일어나지 않는 것은 대기의 상층부에서 산소가 화학적인 울타리 역할을 하기 때문이다. 공기 중의 산소는 원자 2개가 결합한 분자(O_2)의 형태로 존재하지만 자외선을 흡수하면 산소분자는 본래의 원자 2개로 분해되고(O_2+자외선→O+O), 이때 생성된 산소원자(산소라디칼이라고도 한다)는 곧 산소분자와 결합해서 오존(O_3)이 된다(O_2+O→O_3). 이 오존도 자외선을 흡수해서 다시 산소분자와 산소원자로 분해된다(O_3+자외선→O_2+O). 이러한 형태로 산소는 우리를 과량의 자외선의 조사로부터 지켜준다.

2장

금속과 기술의 진보

원숭이에서 인류로 진화하는 과정에서 도구가 이룩한 역할은 매우 크다. 인류의 선조는 우선 가까이에 있는 나무의 가지나 동물의 뼈를 무기로 사용하는 것을 익히고, 다음에 돌로 화살촉이나 도끼를 만들었다. 이때가 석기시대이다. 오늘날 여러 곳의 유적지에서 돌로 만든 도구가 출토되고, 돌의 종류나 가공 정도에 따라 당시 문화의 발달 정도를 미루어 알 수 있게 되었다. 이윽고 중근동에서 스멜인이나 이집트인들이 금속을 발견해서 새로운 시대를 맞이하게 되었다. 금속기의 시대인 것이다.

최초로 발견된 금속은 금과 구리였다. 처음에는 금의 휘황한 것에 매혹되어 파라오의 보물에서 보는 바와 같이 금은 오로지 장식품에 사용된다. 금은 아름답고 가공하기 쉬우나 도구로 만들기에는 너무 연하다. 다음에 금과 같이 가공하기 쉬우며 금보다 더 좋은 재료로 등장한 것이 구리이다. 구리는 돌보다도 예리하게 만들 수 있고 무디어도 비교적 간단하게 본래처럼 예리해지는 이점이 있다. 그러나 무기로는 사용되었으나 장식품으로는 그다지 널리 보급되지 않았다. 그 이유는 구리가 순수한 형태로 산출되는 일이 거의 없었기 때문이다.

인류가 순수한 구리를 만드는 방법을 알게 된 것은 우연한 일에서 비롯되었다. 푸르게 빛나는 작은 알갱이가 들어 있는 돌로 만든 아궁이에서 불을 때면 재 속에서 순수한 구리의 알갱이를 얻을 수 있는데, 이 푸르게 빛나는 동광석을 숯과 함께 가열하면 구리를 얻는다는 것을 배웠던 것이다. 기원전 4천 년경의 일로 장소는 시나이반도이거나 오늘날의 이란의 산악지대이다. 이렇게 해서 구리그릇, 말하자면 청동기 시대로 들어가게 된 것이다.

원자의 세계

그런데 금속은 왜 금속광택을 지닐까. 왜 간단하게 성형이나 가공을 할 수 있는 것일까. 이러한 의문이 해명된 것은 금속이 사용되기 시작하면서 무려 6000년이 지난 뒤의 일이었다. 우리는 역사의 여행을 중지하고 단번에 현대로 와서 그 해답을 찾아보기로 하자.

이를 위해서는 우선 금속의 원자구조를 알 필요가 있다. 오늘날 원자라는 단어는 비행기나 자동차와 마찬가지로 누구나 아는 것이다. 그 옛날 그리스의 철학자는 원자를 「그 이상 쪼갤 수 없는 물질의 최소 단위」라고 정의했으나, 사실은 「쪼갤 수 없는」 것이 아니고 원자가 다시 더 작은 중성자, 양성자, 전자 등의 소립자로 이루어져 있다는 것이 오늘날에는 상식처럼 되어 있다. 그러나 원자의 구조가 알려진 것은 20세기 초엽의 일로 영국의 물리학자 러더퍼드[1]의 공적이다. 러더퍼드는 두께 10만 분의 5 ㎝의 금박에 정전기를 띤 알파입자를 보내서 산란하는 모양을 관찰했다.

---

1 **러더퍼드(Ernest Rutherford. 1871~1937):** 러더퍼드는 몬트리올, 맨체스터, 케임브리지 각 대학의 물리학 교수를 역임했다. 1908년 방사선의 연구로 노벨상을 수상, 1911년 알파입자의 산란실험으로 중심에 핵전기를 띤 원자구조(러더퍼드 모형)를 실증, 1919년 방사선에 의한 원자구조의 인공변환을 발견하여 인공적으로 질소를 산소로 변환시켰다. 1938년 슈트라스만(F. Strassman, 1902~1980)과 함께 원자핵분열을 발견한 한(Otho Hahn, 1879~1968)은 그의 밑에서 연구한 일도 있고, 우수한 인재를 많이 양성한 교육자로서의 업적도 크다.

러더퍼드

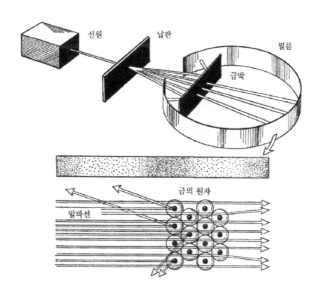

러더퍼드의 실험은 톰슨의 가설에 결정을 내렸다

금박의 주위에 사진 필름을 놓아 어느 방향으로 알파입자가 진행하는가를 필름의 검은 점을 조사해서 해석한 결과 그 두께가 얇다고 해도 이 두께는 금원자 1천 개에 해당하는데 반사는 거의 일어나지 않고, 10만 개에 1개 비율로 금원자에 의해서 방향이 굽어지는 알파입자는 있으나, 거의 대부분의 알파입자는 직진하여 금박을 투과한다는 것을 알았다. 이러한 실험결과로부터 러더퍼드는 원자가 그 속이 빈틈이 없는 구라고 하면 알파입자는 모두 원자에 부딪쳐서 튕겨 되돌아와 버리거나, 금박 속에 진입했다고 해도 되도록 원자의 층 가운데 몇 층을 통과해서 멈춰 버려야 할 것이다. 하지만 그렇지 않는 것으로 보아 원자의 내부는 아무것도 채워져 있지 않은 빈공간의 부분이 있다고 결론지었다. 또한 알파입자가 때때로 굽어지는 사실로부터 원자 속에는 매우 작은 질량 중심이 있어서 이것이 진입해 들어온 알파입자의 방향을 바꾸는 것이라 했다.

러더퍼드는 다른 실험결과와 결부시켜 검토한 결과 원자는 정전기를 띤 무거운 원자핵과 이것을 둘러싼 음전기를 띤 전자의 궤도로 되어 있어서 원자의 내부는 아무것도 없는 빈공간이라고 결론지었다. 그의 계산에 따르면 원자핵의 반지름은 1조 분의 1cm(10^{-12}cm), 전자의 궤도, 즉 원자의 반지름은 1억 분의 1cm(10^{-8}cm)였다.[2]

---

2 길이의 단위
　　1m=10dm(데시미터)
　　1dm=10^{-1}m=0.1m
　　1cm=10^{-2}m=0.01m
　　1mm=10^{-3}m=0.001m

원자를 축구공에 비유하면 원자핵은 지름 20분의 1㎜의 모래 입자이다.

이것을 앞의 실험에 비유해서 말하면 중심에 모래 입자를 가진 축구공을 여러 개 쌓아서 벽을 만들고 여기에 모래 입자 크기의 알파입자를 불어 넣는 것과 같은 현상이다. 우연히 중심에 있는 모래 입자에 부딪친다 해도 방향이 조금 변할 뿐 명중하는 확률도 매우 적은 이치이다.

원자는 미니태양인가?

러더퍼드의 원자모형에는 원자핵을 둘러싼 바깥 궤도 위에 전자가 어떻게 분포되어 있는가에 관해서는 아무것도 설명하지 않는다는 결점이 있다. 덴마크의 보어(Niels Bohr, 1885~1962)는 이것을 발전시켜서 오늘날 우리가 아는 미니태양계형의 모형을 제안했다. 즉 원자핵이 태양이고, 전자는 그 주위의 궤도를 공전하는 행성이라고 생각했다. 행성이 인력과 원심력의 상호작용으로 일정한 궤도를 그리는 것과 마찬가지로 음전기를 띤 전자도 정전기를 띤 원자핵 사이의 인력과 원심력의 균형에 의해서 일정한 궤도상을 움직인다고 했다.

1μ(미크론)=10^{-6}m=0.000001m
1nm(나노미터)=10^{-9}m=0.000000001m
1pm(피코미터)=10^{-12}m=0.000000000001m
1 Å(옹스트롬)=10^{-10}m=0.0000000001m

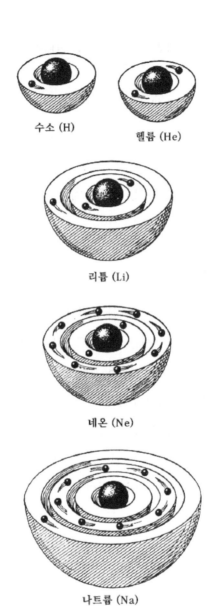

수소 (H)   헬륨 (He)

리튬 (Li)

네온 (Ne)

나트륨 (Na)

전자가 원자 속에서 전자궤도를 돌고 있다

보어는 전자의 에너지와 궤도에 플랑크(Max Planck, 1858~1947)의 양자 개념을 도입해서 전자가 흡수 또는 방출하는 에너지는 불연속이라는 것과 전자는 동심원적인, 정해진 궤도 위를 움직인다는 것 등을 이론적으로 제시했다. 전자가 열이나 빛 등의 에너지를 흡수하면 바깥쪽(고에너지 준위의)의 궤도로 전이하지만, 결국 흡수한 에너지를 빛 등의 형태로 방출하여 본래의 궤도로 되돌아간다. 전구가 밝게 반짝이는 것도 그 원리와 같아서 전구의 텅스텐선이 에너지를 흡수하면 텅스텐원자의 수백만의 전자가 위의 궤도로 옮겨, 결국 전자가 한꺼번에 본래의 궤도로 되돌아올 때 빛을 방출하기 때문이다.

한 개의 원자가 몇 개의 전자궤도를 가지는가는 우선 전자의 수로 결정된다. 첫째, 즉 안쪽의 궤도에는 최고 2개의 전자가, 둘째 궤도에는 전자가 8개, 셋째 궤도에는 18개…, 이와 같이 n번째의 궤도에는 $2n^2$개의 전자가 들어갈 수 있다. 일곱 번째의 궤도에는 $2 \times 7 \times 7 = 98$개의 전자가 들어가서 원자핵으로부터의 거리도 최대가 된다.

그러나 보어 등의 미니태양계의 모형도 결점이 있다는 것이 차례로 밝혀졌다. 그 최대의 원인은 전자가 일정한 궤도 위를 일정한 속도로 운동하는 입자라고 규정했던 점이다. 하이젠베르크(Werner Karl Heisenberg, 1901~1976)는 유명한 불확정성원리 속에서 전자의 위치와 속도, 즉 전자의 운동의 정확한 궤도함수를 결정하는 것은 원리적으로 불가능하다는 것을 제시했다. 더욱이 빛이나 전자 등은 마이크로의 세계에서는 입자의 성질과 파동의 성질을 동시에 지니고 있음을 고려하면 행성궤도와 같은 의미로서의 전자궤도라는 표현은 적당하지 않다. 그러므로 오늘날에는 그 부근에 전자가 존재할 수 있다고 하는 의미로 전자구름이라는 표현이나, 에너지준위에 따라서 전자궤도함수라는 표현이 쓰인다. 따라서 앞에서 설명한 전자궤도라는 것은 대체로 전자궤도함수라고 바꿔 읽고 이해하면 좋으리라 생각된다. 또한 원자의 전자배치에 관해서는 3장에서 다시 한번 언급할 것이다.

원소와 양성자

그런데 대체로 무엇을 기준으로 하여 원소들을 구별하는 것이 좋을까. 이것을 생각하기 전에 다시 한번 원자가 정전기를 띤 원자핵과 음전기를 띤 전자껍질로 되어 있어서 전체로서는 전기적으로 중성이라는 것을 머리에 떠올리면 좋겠다. 원자핵이 양성자와 중성자로 이루어져 있다는 것과 양성자와 전자는 서로 부호가 다르지만 같은 양의 전하를 띠고 있다는 것을 고려하면 원자 속에는 같은 수의 양성자와 전자가 존재하는 것을 알수 있다. 가장 가벼운 수소원자는 양성자 1개와 전자 1개, 둘째의 헬륨은 양성자 2개와 전자 2개, 셋째의 리튬은 양성자 3개와 전자 3개, 탄소는 양성자 6개와 전자 6개…, 이렇게 103번째의 원소까지(2022년 현재 118번째까지) 계속된다. 이와 같이 원소의 종류와 양성자, 전자의 수와는 밀접한 관계를 가지며, 전자는 비교적 움직이기 쉽다. 전자의 수나 양성자의 수가 원소 사이를 구별하는 관건이 된다.

산소의 양성자 수는 8, 구리는 29, 금은 79이고, 수은의 양성자 수는 80이므로 수은의 원자핵에서 양성자를 1개 빼버리면 금이 된다는 이치인데 실제로 오늘날의 원자물리학의 방법으로 하면 이것은 가능하다. 중세의 연금술사의 꿈이 실현된다는 이야기이다. 다만 이러한 오늘날의 연금술에는 막대한 비용이 들기 때문에 섭섭하게도 기업으로서 채산이 맞지 않는다.

원소의 주기율

고대에는 원소라 해도 금, 은, 구리, 황 정도였으나, 18세기 말에는 20종 전후, 19세기 중엽에는 40종을 넘었다. 1789년 프랑스의 라부아지에(Antoine Laurent Lavoisier, 1743~1794)가 발표한 원소표에는 21종, 1865년 영국에서 나온 카탈로그에는 45종의 원소가 기재되어 있다. 더욱이 이러한 종류의 표에는 틀린 부분이 있었는데 라부아지에의 표에는 생석회(산화칼슘)가 원소로 취급되어 있었고, 영국의 카탈로그에도 중복된 부분이 있었다.

원소의 수가 증가하면 원소를 계통적으로 정리하려는 움직임이 일어나기 마련인데 1869년 러시아의 멘델레예프(Dmitry Ivanovich Mendeleev, 1834~1907)는 유명한 주기율표를 발표했다.[3]

---

3   역자주: 원소를 원자량의 순서로 배열하면 8번째마다 성질이 비슷한 원소가 온다는 주기성이 일부 원소에

그는 원소를 원자량[4]의 순서로 배열하면 일정한 간격을 두고 성질이 비슷한 원소가 나타난다는 것을 발견하고, 한 걸음 더 나아가서 그 당시는 발견되지 않았으나 장래에 반드시 발견될 원소라 확신하여 그 원소의 예약석으로 몇 개의 칸을 비어 두었고 이러한 빈칸에 들어갈 미발견 원소의 성질을 예언했다.

예컨대 멘델레예프는 주기율표의 규소 밑의 칸에 원자량 72.9로 밀도가 $5.5g/cm^3$의 에카규소가 존재할 것을 예언했고, 그 염화물은 밀도 $1.9g/cm^3$ 정도의 액체일 것이라 했다. 그런데 15년 뒤에 윈클러(Clemens Alexander Winkler, 1838~1904)가 발견한 갈륨(Ga)은 원자량 72.9, 밀도 5.47, 염화물은 밀도 $1.83g/cm^3$의 액체였다. 이것이야말로 그 예언의 에카규소였으며 멘델레예프의 예언이 경이적이며 극적인 정밀성을 지니고 적중하여 그가 발견한 주기율의 신용도를 높이는 계기가 되었다.

그런데 원소의 성질에 주기성이 있다는 것은 대체 무슨 이유 때문일까? 멘델레예프는 원자나 분자 내의 내부구조에 그 원인이 감추어져 있는

는 적용되지 않는다. 즉 $_{18}Ar$과 $_{19}K$, $_{27}Co$와 $_{28}Ni$, $_{52}Te$와 $_{53}I$, $_{90}Th$와 $_{91}Pa$ 등에서는 그 순서가 바뀌었다. 즉, 1869년 멘델레예프가 당시 알려진 62개의 원소를 원자량의 순으로 배열해서 주기율표를 만들었는데 오늘날에는 원자량의 순이 아니고 원소를 원자번호(전자의 수 또는 양성자의 수)의 순으로 배열하여 주기율표가 만들어졌다.

4 **원자량과 분자량**: 원자 1개의 질량은 너무나 작으므로(수소원자 1개의 질량은 $1.672 \times 10^{-24}g$) 질량의 상대적인 값으로 나타나게 된다. 처음에는 수소를 기준으로 하여 수소의 원자량을 1로 했으나, 다음에 산소의 원자량을 16으로 정하고 이것을 원자량의 기준으로 했다. 그러나 오늘날에는 여러 가지 이유로 인해 탄소의 동위원소 ^{12}C의 원자량을 12,000으로 하고 이와 비교한 다른 원소의 원자 1개의 무게, 즉 상대적인 질량을 원자량으로 정한다. 분자를 구성하는 모든 원자의 원자량을 모두 합한 값을 분자량으로 한다.

것이 아닌가 추정했다. 오늘날에는 원소의 주기율이 원자의 구조와 밀접한 관계가 있는 것이 잘 알려져 있다. 예컨대 리튬, 나트륨, 칼륨, 세슘은 원자량이나 전자껍질의 수가 다른데 맨 바깥 전자껍질의 전자는 어느 것이나 1개이다. 이러한 공통점이 있기 때문에 이들 원소는 어느 것이나 같은 표의 제1족에 속하고 화학적 성질도 비슷한 것이다.

양성자의 수가 증가하고 이에 따라 전자의 수도 증가하여 새로운 전자껍질에 차례로 전자가 들어간다. 맨 바깥껍질에 전자가 가득 차면 그 바깥쪽의 새로운 바깥껍질에 차례로 전자가 들어감으로 당연히 맨 바깥 전자껍질에 전자의 수가 같은 원소가 배열되기 마련이다.

주기율표의 가로를 주기라고 하며, 1주기에는 2개의 원소, 2~3주기에는 각각 8개, 4~5주기에는 각각 18개, 6주기에는 32개, 7주기는 도중까지만 알려져 있다. 세로 칸을 족이라 하며 0족에서 Ⅶ족까지로 분류되어 있다. 앞에서 설명한 리튬이나 나트륨과 같이 알칼리금속은 1족이고, 염소나 브로민 등의 할로겐은 Ⅶ족이다. 알칼리금속은 맨 바깥 전자껍질에 1개, 할로겐은 7개의 전자를 가진다. 이와 같이 일반적으로 맨 바깥 전자껍질의 전자는 금속원소에서는 적고 비금속원소에서는 많다.[5]

---

5 역자주: 일반적으로 맨 바깥 전자껍질의 전자의 수가 3 이하인 경우 금속원소이고, 4 이상인 경우 비금속 원소인데 주기율표상에서는 금속원소는 왼쪽 부분, 비금속원소는 오른쪽 부분에 배열되어 있다.

금속의 결정구조

구리줄을 자르면 붉은색을 띤 금속광택을 내는 단면이 노출된다. 이 단면을 확대경으로 보면 광택이 있는 무수한 작은 결정이 질서 있게 나란히 있는 것을 알 수 있다. 다시 이것을 원자까지 볼 수 있는 현미경으로 본다면 결정의 표면에 구리의 원자가 기하학적 모형을 그리면서 배열되어 있는 것이 보인다. 사실은 표면뿐 아니라 결정의 깊숙한 곳까지 질서 있게 구리의 원자가 채워져 있다. 결정의 최소 단위를 단위격자(또는 단위 셀)라고 하며 구리의 단위격자는 정육면체의 8개의 모서리와 각 면의 중심에 구리원자가 배열된 형태의 면심입방격자이다. 단위격자가 모여서 이루어진 작은 결정을 크리스탈라이트 또는 정자(晶子)라고 하며 구리의 경우에는 한 변이 겨우 0.1m 정도의 매우 작은 것이지만, 한 변에 구리의 원자가 4백만 개가 나란히 있게 된다. 천연에는 녹주석(綠柱石)과 같이 한 변이 수 m인 결정도 있다. 그렇다면 이 결정의 한 변에는 몇 개 단위의 원자가 나란히 있을까. 궁금하면 계산해 보길 권한다.

면심입방격자 이외에도 결정구조에는 여러 종류가 있는데, 예컨대 철의 단위격자는 정육면체의 8개의 모서리와 정육면체의 중심에 각각 1개의 철원자가 나란히 있는 체심입방격자이다. 몇 해 전 벨기에에서 열렸던 만국박람회의 심벌마크는 철의 단위격자가 모델이었다.

왜 금속은 변형되기 쉬운가?

금속은 돌과는 달리 쇠망치만 있으면 구부리거나 두들겨서 여러 가지 모양의 도구로 만들 수 있으므로 선사시대의 사람들이 중히 여겼다. 이 금속 특유의 성질도 금속의 원자배열과 밀접하게 연관되어 있다. 구리나 철의 예에서 알 수 있듯이 금속의 원자는 이른바 결정격자(면심입방격자나 체심입방격자 등) 속에 규칙적으로 배열되어 있으나 이 결정격자를 구성하는 원자가 만드는 평면이 외력에 의해서 서로 엇갈려 벗어나는 현상이 금속의 변형이다. 이 면을 활면(滑面)이라 하는데 구리의 면심입방격자에는 활면이 4개 있으며 철과 같은 체심입방격자에는 1면밖에 없다. 철보다 구리 쪽이 변형되기 쉬운 것은 이러한 이유 때문이다.

금속은 전기의 양도체

금속의 특성 중에서 선사시대에는 알려지지 않았던 것이 전도성이다. 이것도 금속의 원자배열과 관련이 있다. 금속의 특징은 원자의 맨 바깥 전자껍질의 전자수가 적다는 것인데, 금속의 맨 바깥 전자껍질의 전자는 비교적 떨어져 나가기 쉽다. 원자로부터 음전기를 띤 전자가 떨어져 나가면 남은 부분은 양전기를 띠기 마련이다. 일반적으로 이러한 전기를 띤 원자를 이온이라고 하는데 금속원자가 모여도 전자가 떨어져 나가서 이온이 된다. 떨어져 나갔다 해도 전자는 결정격자 속을 움직여서 양전기를 띤 금속이온이 서로 반발하는 것을 상쇄해 오히려 접근시키는 접착제의 역할을 한다. 금속에 있는 전자의 움직이기 쉬운 정도야말로 금속의 전도성과 금속광택의 원인인 것이다. 전압을 주면 금속의 전자가 이동해서 전원으로 전자가 흘러들어가게 된다. 또한 금속의 전자로부터 떨어져 나가서 금속 내를 움직이는 전자를 자유전자라 한다.[6]

청동이 결판낸 트로이 전쟁

청동기 시대의 최대의 사건은 트로이(Troy) 전쟁이다. 트로이의 목마로 알려져 있는 이 전쟁을 결정지은 말(馬)은 사실 청동(브론즈)이었다. 창, 방패에서 갑옷에 이르기까지 청동제의 신식장비를 한 쪽이 구식장비를 한 상대를 때려 부술 수 있었던 것이다.

청동의 발견은 전혀 우연이었던 것 같다. 구리를 만들 때 구리의 광석 중에 주석의 광석이 섞여 있어서 우연히 구리보다 더 단단하고 좋은 청동이 생긴 것이었으리라. 청동이 지닌 재료로서의 우수성 외에도 한 가지 더 구리보다 뛰어난 성질은 주조할 수 있다는 것이다. 이러한 성질이 생산성을 현저하게 향상시키는 재료로서의 장점과 겹쳐서 역사를 바꾸어 놓았던 것이다.

---

6 **이온화경향**: 일반적으로 금속에는 이온이 되기 쉬운 성질이 있다. 이것을 이온화경향이라 한다. 이 성질의 큰 것으로부터 차례로 금속을 배열하면 K, Ca, Na, Mg, … (H) Cu, Ag, Pt, Au, 이러한 배열에서 수소보다 앞쪽의 금속은 묽은 염산 같은 산에 넣으면 수소가 발생한다. 또한 수소보다 이온화경향이 약한 금속은 화학적으로 안정한데 특히 귀금속이 여기에 속한다.

청동은 구리와 주석의 혼합물로 두 성분의 비율은 임의로 변화한다. 주성분은 구리가 최고 90%인 것도 있다. 다만 혼합물이라 해도 모래와 시멘트를 섞은 것과는 전혀 다르다. 구리와 주석의 원자는 결정격자 중에 거의 무차별하게 분포되어 있다. 즉 구리의 결정격자에 주석의 원자가 끼어들어 가서 몇 개의 구리원자가 주석원자와 바꿔 들어간 것이다. 이와 같은 금속의 혼합물을 합금이라 한다. 따라서 합금을 만들 때는 다만 성분 금속을 섞을 뿐만 아니라 한 번 융해한다. 이렇게 하면 두 가지 금속의 결정격자가 파괴되어 원자가 자유롭게 움직일 수 있도록 되어 균일한 혼합물이 된다. 이렇게 융해한 혼합물을 냉각시키면 다시 결정격자가 생성된다. 이 새로운 결정격자 중에서는 구리와 주석을 예로 들면, 구리의 원자나 주석의 원자가 거의 구별되지 않고 분포되어 있으나 구리와 주석에서는 원자의 크기나 이온의 크기가 크게 다르므로 순수한 구리의 결정격자와 거의 같다 해도 완전하게 같은 것이 아니다. 약간 규칙성을 잃는 것이다. 그러므로 예컨대 활면에 따라 간격이 생기기 쉬운 정도도 구리의 경우보다 더 어렵게 되며 이러한 이유로 합금이 순금속보다 단단하게 되는 것이다.

오늘날 합금이 공업적으로 중요한 것은 더 말할 나위가 없는 것이다. 알루미늄의 합금이 없었다면 금속성의 비행기가 탄생하지 않았을 것이다. 특수강이 개발되지 않았다면 고성능의 엔진이나 기계도 만들 수 없었을 것이다. 또한 충치의 치료에 쓰이는 아말감이라는 합금이 있다는 것도 여러분은 잘 알 것이다.

금속의 왕자, 철

천연에서 순수한 형태로 산출되는 금속은 금과 구리 정도로 매우 드물다. 따라서 인류가 처음 만든 금속제품은 금제품이나 구리제품이었다. 대체로 금속은 광석, 즉 화합물의 형태로 산출된다. 구리의 용도가 비약적으로 증대했던 것도 광석으로부터 금속의 구리를 얻을 수 있게 되면서부터의 일이다. 그러나 구리를 얻는 법이라 해도 고작 숯을 열원으로 한 원시적인 가열로에서 이루어졌다. 지금 생각하면 조금 이상한 일이지만 오늘날 가장 널리 쓰이는 금속, 즉 철이 발견된 것은 훨씬 나중에 있었던 일로 철제의 무기나 장비는 오랫동안 매우 값비싼 귀중품이었다. 역사상 가장 오래된 철기로는 이집트에서 발견된 기원전 4000년경의 것인데 이집트에서는 철이 청동을 몰아내는 데 약 3000년이 걸렸다. 그 원인은 구리와 비교하여 광석에서 철을 만드는 것이 옛날 사람들에게는 훨씬 어려운 일이었다.

제철에는 구리의 경우보다 더 높은 온도가 필요하므로 풀무가 고안되어 숯에 공기를 불어 넣을 수 있도록 되었을 때 제철이 가능해졌다. 기원전 1200년경 히타이트 왕의 편지 속에 제철법이 적혀 있던 것을 보면 기원전 1000년경에는 철제의 무기가 쓰였던 것 같다. 성서에 나오는 가나안의 땅, 지금의 팔레스타인에 침입한 선민의 적 필리스티아인은 철제의 무기를 가지고 있어서 당시의 유태인들에게는 강적으로 인식되었다.

유태인이 필리스타아인에 대항할 수 있게 된 것은 사울왕경에 이르러 유태인도 철제의 무기를 가지기 시작했기 때문이라고 말하고 있다. 이렇게 보면 화학이 역사상 이룩한 역할도 크다는 이야기이다. 당시의 대장간의 지위가 높았다고 말하는 것을 납득할 수 있다.

철광석은 화합물

결정격자 속에 다른 종류의 원자가 임의로 분포되어 있는 것이 합금이지만 철광석은 철이 다른 원소와 일정한 비율로 결합하는 화합물이다. 철광석 중에서 철의 함량이 최대인 황철광(페라이트, Ferrite)에 관심을 쏟아보기로 하자. 황철광은 금색의 반짝이는 결정으로 액세서리가 될 수 있을 만큼 큰 것도 있다. 그러나 「금색으로 빛난다 해도 결코 금은 될 수 없고」 황철광과 금은 전혀 관계가 없다. 황철광의 주성분은 철 1원자와 황 2원자의 화합물, 즉 이황화철(FeS_2)이다. 따라서 철과 황의 비율은 합금과 같이 임의의 비율이 아니고 언제나 1:2이다. 화합물은 더 말할 나위도 없이 성분원소와 성질이 전혀 다르다. 따라서 지구상에는 원소가 100여 개밖에 없는데도 원소가 서로 무수히 결합해서 성질이 다른 수많은 화합물이 존재하게 되는 것이다.

철광석 중에서 중요한 것은 철의 산화물인 자철광, 적철광, 갈철광의 세 종류이다. 자철광(마그네타이트)은 철 3원자와 산소 4원자의 화합물

(Fe_3O_4)로서 스칸디나비아반도 북부에 큰 광상이 있다. 적철광(헤마타이트)은 철 2원자와 산소 3원자의 화합물(Fe_2O_3)로서 붉은색을 띠고 있어서 붉은 기와의 착색제로 쓰인다. 갈철광(리모나이트)은 적철광과 마찬가지로 철 2원자와 산소 3원자의 화합물인데 물 1분자가 여분으로 결합되어 있다 ($Fe_2O_3 \cdot H_2O$).

철광석 중 철과 산소의 결합은 매우 세므로 산소를 치환해서 철만을 유리시키는 것은 철 이상으로 산소와 세게 결합하는 물질을 필요로 한다. 이러한 물질로 처음 사용된 것이 숯이다. 숯은 거의 순수한 탄소로 타면 산소와 화합해서 산화물이 되는데 적열 상태에서 공기가 불충분하면 광석 중 철의 산화물로부터 산소를 빼앗아 탄소 자신이 산화물로 되고 철을 얻는다. 탄소가 산소와 화합해서 산화물이 되는 과정을 화학에서는 산화라 하고 반대로 철의 산화물이 산소를 잃어버리는 과정을 환원이라 한다. 산화와 환원은 동시에 일어나므로 두 가지를 합해서 산화환원반응(Oxidation-Reduction), 간략하게 레독스(Redox)반응이라고 한다. 열의 공급이 충분할 때만 진행한다. 따라서 반응이 일어나려면 우선 고온으로 해야 한다. 풀무의 발명과 제철법이 결부되는 것은 적열(赤熱)한 숯에 공기를 불어 넣어 고온으로 하는 것이 풀무의 출현을 비롯해서 처음으로 가능해졌기 때문이다. 이렇게 보면 인류가 철 그 자체나 제철법을 알게 되기까지 오랜 기간을 필요로 한 이유도 납득할 수 있다.

현대의 제철법

오늘날 세계의 제철량은 연산 약 3억 5천만 톤, 철광석 채굴량은 약 7억 톤, 제철용 코크스 생산량은 약 3억 5천만 톤이다.

이것을 모두 쌓으면 밑바닥의 지름이 1,600m, 높이 800m의 산이 된다. 오늘날의 제철기술은 숯을 사용했던 시대와는 비교가 되지 않을 만큼 진보했다.

현재 제철소에서는 숯 대신에 코크스를 사용해서 원시적인 노(爐) 대신에 높이 수십 미터의 내화벽돌을 속에 쌓은 사일로 형의 용광로에서 풀무 대신에 열풍로로 송풍하면서 수년간 연속 조업으로 철을 만든다.

용광로에서 만드는 철은 탄소 함량이 많고 선철이라 한다. 기술이나 설비는 많이 발달되었어도 제철의 원리는 옛날이나 지금이나 같아서 다만 산화물인 철광석을 적열한 코크스(탄소)로 환원하는 것이다. 용광로의 위에서 광석과 코크스를 번갈아 넣고 석회석이나 장석을 가한다. 용광로의 밑에서 가열한 공기를 불어 넣고 점화하면 노의 밑 부분에서 코크스가 타서 그 온도가 섭씨 약 1,600도에 이른다. 이때 생기는 일산화탄소(CO) 및 고온의 코크스가 철광석을 환원해서($Fe_2O_3+3CO \rightarrow 2Fe+3CO_2$) 생성된 철은 용융상태 그대로 내려와서 노 밑바닥에 고인다. 용융한 철은 그대로 불어 들어오는 열풍에 의해 연소되어 산화철로 돌아가게 될 터인데 이때 철광석에 포함되어 있던 산화규소가 석회석이나 장석과 반응해서 슬랙을 만들어 철의 표면을 덮어 감싸므로 철이 산화되는 것을 방지하는 역할을 한다. 용융된 철은 밑으로 흘러나오는데 이것이 선철이다. 용광로는 연속

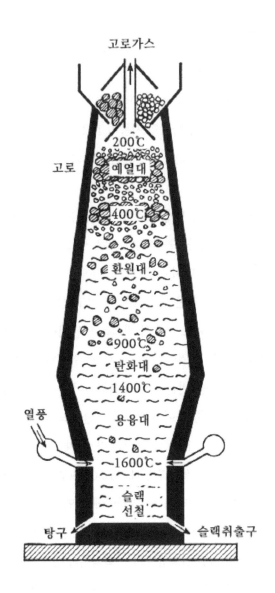

고로가스

고로

200℃

예열대

400℃

환원대

900℃

탄화대

~1400℃

용융대

~1600℃

슬랙
선철

열풍

탕구

슬랙취출구

적으로 조업한다. 한번 용광로의 불을 끄면 노의 내용물이 굳어져 파괴되는 것 외에 다른 방법이 없기 때문이다.

제강

용광로에서 얻는 선철 중에는 탄소 2.5~4%, 규소 0.5~3%, 인과 황이 약 2%, 여기에 망가니즈가 소량 함유되어 있으므로 딱딱해서 압연(壓延)도 되지 않으므로 용도가 한정된다. 철 이외의 성분은 어느 것이나 철보다 빨리 산화하므로 이 성질을 이용해서 선철 중 철 이외의 성분을 산화해서 제거하면 압연 가능한 강철이 된다. 이 공정을 제련 또는 제강이라 하며 크게 나누어 전로법(轉爐法)과 평로법(平爐法)의 두 가지가 있다. 전로법에서는 전로라고 하는 가지 모양의 노에 용융한 선철과 쇠부스러기(스크랩)를 넣고 파이프를 꽂아 공기나 산소를 불어 넣어 철 이외의 성분을 연소시킨다. 토마스전로에서는 밑에서 송풍하지만 LD전로에서는 위에서 송풍한다. 평로법은 지멘스 마르틴법이라고도 하며 평로 속에서 용융한 선철을 위에서 중유버너나 가스버너의 불꽃으로 가열하면서 제련한다. 여기에서 선철과 강철의 차이에 대해서 간단히 설명하고자 한다. 원소로서의 철에는 탄소와 화합물이나 합금을 만드는 성질이 있어서 탄소 함량을 0에서 4.5%까지 임의로 바꿀 수 있다. 탄소 함량이 1.72% 이상이 되면 단단하나 부서지기 쉬우며 녹는점 직전이 되지 않으면 연화(軟化)되지 않으므로 압연은 되지 않으나 주조하기 쉬우므로 주물용으로 쓰인다. 이것이 선철 또는 주철로 불리는 것이다. 탄소량이 1.72% 이하이면 압연할 수 있게 되어 선철보다는 연하지만 부서지는 성질이 없어져서 세기가 증가한다. 이것이 강철로서 철판, 레일, T형강 등을 만드는 데 쓰인다. 탄소가 0.5% 이하가 되면 점성이 생겨 단조(鍛造)할 수 있게 되므로 이것을 특히 단철이라 부른다. 이와 같이 철의 성질은 탄소 함량에 따라서 변한다.

그 밖에 중요한 것은 특수강인데 이것은 니켈, 크로뮴 등과의 합금이다. 예컨대 니켈 함량 25%의 페로니켈은 매우 튼튼하고 실온에서 2배의 길이로 늘어날 수 있다. 니켈과 크로뮴을 함유한 특수강은 강성(剛性)과 튼튼한 성질도 증가해서 커다란 무게에도 견디므로 기계의 부품으로 없어서는 안 될 재료이다. 이른바 스테인리스는 니켈 18%와 크로뮴 8%를 함유한 특수강으로 녹슬지 않는다는 특성이 있다.

원자로부터 분자에

이온결합

화학자의 입장에서 보면 세계는 분자의 집합체에 지나지 않는다. 앞에서 설명한 바와 같이 물질의 최소 단위가 분자이고, 더욱이 분자는 몇 개의 원자로 되어 있다. 예컨대, 물의 분자는 수소 2원자와 산소 1원자의 화합물(H_2O)이다. 그런데 수소원자와 산소원자는 물분자 내에서 어떠한 순서로 결합되어 있는가, 또 물분자(H_2O) 중 수소 1개를 나트륨(Na)과 바꾸면 백색 고체의 수산화나트륨(NaOH)으로 변해버린다. 왜 그럴까. 원자나 분자가 육안으로 보인다면 곧 해답이 나올 수 있을지도 모르지만 어쨌든 원자나 분자는 너무 작아서 육안으로는 보이지 않는다.

오늘날에는 성능이 좋은 전자현미경이 개발되어 바이러스와 같은 거대분자는 볼 수 있다. 또 X선회절이나 전자선회절과 같은 방법이나 자외선, 적외선, 핵자기공명 스펙트럼과 같은 분광학적인 방법을 사용해서 분자모형을 병용하면 분자구조를 비교적 정확하게 파악할 수 있게 되었다. 앞에서 설명한 결정격자 내의 원자의 배열이나 다음에 설명할 단백질이나 핵산의 분자구조 등도 사실은 이러한 방법으로 확인된 것이다. 여기에서는 앞에서 설명한 원자의 전자구름모형을 다시 한번 상기해 보기로 하

자. 양전기를 띤 원자핵 주위를 음전기를 띤 전자껍질 또는 전자구름이 둘러싸고 있다는 것이 원자모형이다.

원소 중에는 다른 원소와 화합하기 쉬운 것과 화합하기 어려운 것이 있다. 헬륨(He), 네온(Ne), 아르곤(Ar) 등 주기율표의 0족의 원소는 전혀 반응성이 없다. 따라서 0족 원소를 비활성가스[7] 또는 희유기체라고 한다. 이러한 희유가스 원소의 맨 바깥 전자껍질의 전자는 헬륨에서 2개, 네온에서 8개, 아르곤에서 8개(이하 모두 8개)와 같이 어느 것이나 전자껍질의 수용 한도가 가득 찰 만큼 전자가 들어 있다. 이와 같은 맨 바깥 전자껍질의 전자배치를 희유가스형 전자배치라고 하는데 원자가 희유가스형의 전자배치를 하면 에너지적으로 가장 안정된 상태가 되어 반응성이 없어진다는 것을 이 0족 원소의 예를 통해 잘 알 수 있다.

희유기체 이외의 원소에는 반응성이 있어서 다른 물질과 반응하여 화합물을 만든다. 따라서 희유가스 이외의 원소의 반응성에 관해서는 소금을 예로 들어 살펴보기로 하자.

소금은 나트륨(Na)과 염소(Cl)의 화합물이다. 염소원자는 원자핵에 양성자 17개를 가지고 전자 17개가 3개의 전자껍질에 분산되어 있다. 따라서 외부에 대해서는 전기적으로 중성이다. 염소의 특징은 맨 바깥 전자껍질에 전자가 7개 늘어서 있다는 점으로(주기율표 Ⅶ족, p.37), 안정한 희유

---

7 역자주: 비활성원소 중 제논(Xe), 크립톤(Kr) 등은 여러 가지 화합물을 만드는 것이 알려져 있는데, 특히 제논의 플루오르화합물로 XeF_2, XeF_4, XeF_6, 또는 산소를 포함한 화합물로 $XeOF_4$, XeO_3과 KrF_4 등을 순수한 상태로 얻는다.

기체형 전자배치를 이루려면 전자가 1개 필요하다. 반대로 나트륨원자의 경우는 맨 바깥 전자껍질의 전자가 1개이다(주기율표 I족). 따라서 만약 나트륨원자가 맨 바깥 전자껍질의 전자 1개를 방출하면 안쪽의 전자 8개를 가진 포화된 전자껍질이 새로운 맨 바깥 전자껍질로 되어 안정한 희유가스형으로 변한다.

나트륨이 방출한 전자를 염소원자가 가지면 염소의 맨 바깥 전자껍질의 전자도 전자 8개의 희유가스형이 된다. 희유가스형이 된다고 해도 따로 나트륨과 염소가 희유가스원소로 변해버린다는 의미가 아니다. 원자핵 중의 양성자의 수가 변하지 않는 한 전자껍질의 전자가 증가 또는 감소해도 염소는 염소, 나트륨은 나트륨이다(p.34,「원소와 양성자」참조).

음의 전하를 띤 전자 1개를 방출한 나트륨은 양전하를 띠고 전자 1개를 받은 염소는 음전하를 띠게 된다. 이러한 전하를 띤 입자를 이온이라 하는데 염소이온(Cl^-)은 음이온(anion), 나트륨이온(Na^+)은 양이온(cation)이다. 이렇게 해서 만들어진 염소이온과 나트륨이온이 어떻게 해서 소금이 되는 것일까. 이것을 이해하기 위해서는 「같은 종류의 전기는 반발하고 다른 종류의 전기는 잡아당긴다」라고 하는 물리의 가장 간단한 법칙을 생각해보는 것으로 충분히 이해할 수 있을 것이다. 이 법칙처럼 플러스의 나트륨이온과 마이너스의 염소이온은 서로 잡아당겨서 소금의 결정을 이룬다. 다만 제멋대로 잡아당기는 것이 아니고 일정한 규칙성이 있으므로 아름다운 결정이 만들어지는 것이다.

소금결정의 단위격자는 정육면체로 8개의 모서리와 중심에 나트륨이온이 있고 정육면체의 측면의 중심에 염소이온이 있다. 따라서 1개의 나트륨이온은 6개의 염소이온에 둘러싸여 있고, 1개의 염소이온은 6개의 나트륨이온에 둘러싸여 있다. 이와 같은 단위격자가 다수 모여서 소금의 결정이 만들어진다. 한 개 한 개의 입자는 쿨롱인력으로 균형이 잡혀 있다. 이와 같은 화학결합을 이온결합[8]이라 한다. 소금의 화학식은 NaCl로 나타내는데 실제로 소금의 결정은 화학식처럼 나트륨원자 1개와 염소원자 1개로 되어 있는 것이 아니다. 수많은 나트륨이온과 수많은 염소이온의 집합체이므로 NaCl이라는 화학식은 엄밀하게 말하면 소금의 결합상태를 정확하게 나타낸 것이 아니고 단지 나트륨원자와 염소원자의 결합비가 1:1이라는 것을 나타내는 데 지나지 않는다. 더욱이 금속원소의 이온이 되기 쉬운 정도를 나타낸 것이 이온화경향이다.

은보다 비쌌던 알루미늄

여러분은 공식적인 만찬석상에서 주빈인 국왕이 알루미늄제의 그릇을 사용하고 초대객들이 은제의 그릇으로 식사를 하는 장면을 상상할 수 있을까. 과연 이런 일이 일어날 수 있을까 싶다. 하지만 이는 프랑스에서

---

8 역자주: 화학결합에는 이온결합, 공유결합, 배위결합, 금속결합, 수소결합 등 여러 가지가 있는데 이온결합은 두 원자 사이에 서로 전자를 주거니 받거니 해서 양이온 또는 음이온이 되어 이 두 이온 사이의 정전기적 인력에 의해서 이루어지는 결합을 말한다. 금속원자는 양이온, 비금속원자는 음이온이 되기 쉽다. 따라서 이 두 원소의 원자가 결합할 때는 금속원소에서 비금속원소로 전자가 이동하여 각각 양이온, 음이온을 만든다.

나폴레옹 3세가 국왕일 때 있었던 실화로 당시 알루미늄이 은보다 귀중했음을 말해주는 일화이다.

1855년의 만국박람회에 은백색으로 반짝이는 알루미늄의 덩어리가 전시되었을 때는 많은 관심을 끌었다고 한다. 사실 지구의 표면(지각)에 함유되어 있는 원소 중에서 양으로 말하면 상위에 속하는 알루미늄이 왜 이처럼 희소가치를 지니게 되었을까. 그것은 아마도 알루미늄이 순수한 형태로 산출되지 않고, 더욱이 광석으로부터의 제련이 어려웠기 때문이었을 것이다.[9]

광석의 주성분은 산화알루미늄(Al_2O_3)이지만 알루미늄과 산소의 결합이 매우 세기 때문에 적열한 탄소를 사용해도 간단하게 환원되지 않는다. 1886년에 전해제련법이 개발되면서 금속알루미늄을 얻을 수 있게 되었으나 알루미늄이 값싸게 대량생산될 수 있게 된 것은 대형의 직류발전기가 출현해서 전력의 값이 저렴해지면서부터이다. 알루미늄의 광석 보크사이트는 산화알루미늄을 약 65% 함유한다. 보크사이트(bauxite)라는 이름은 이 광석의 발견지, 프랑스의 르 보우(Les Baux)에서 연유되어 붙여진 것이라 한다. 천연의 보크사이트광석을 먼저 처리하여 순수한 산화알루미늄으로 만들고, 형석(螢石)을 가해서 1,000℃ 정도에서 용융시켜 전압

9　역자주: 지구의 표면에서 약 16㎞의 깊이까지의 암석권에 기권과 수권을 포함해 이 범위 안에 존재하는 원소의 양을 무게 %로 나타낸 값을 클라크수(Clarke Number)라 한다.
　　클라크수는 산소 49.1, 규소 25.8, 알루미늄 7.56, 철 4.70, 칼슘 3.39의 순으로 되어 있어서 알루미늄은 그 양으로 말하면 세 번째로 많은 원소라 할 수 있다.

5~6볼트, 전류 24,000~40,000암페어에서 전기분해한다.

탄소판으로 만든 전해조의 밑바닥을 음극, 용융물 중에 넣은 탄소막대가 양극이다. 알루미늄 1톤을 만드는 데는 18,000~20,000kWh의 전력이 필요하다. 이러한 전력은 가정집 10가구의 연간 전력 사용량에 맞먹는다고 한다. 알루미늄을 「전기의 깡통」이라고 하는 것은 이러한 이유 때문이다.

철의 녹과 아연철판

철은 수분과 공기 중 산소의 작용으로 산소를 포함한 복잡한 화합물이 되는데 이것이 녹이다. 전문용어로는 녹이 스는 과정을 부식이라 한다. 녹스는 것을 막지 않으면 자동차의 보디나 배관류 등도 부식해버린다. 부식으로 인한 피해는 엄청나서 미국에서도 연간 철강 생산량의 40%가 부식된 부분에 교환된다고 한다. 따라서 경제적으로 보면 부식이 지니는 의미는 매우 크다. 따라서 부식과 부식 방지에 관해서 생각해 보기로 하자.

철은 이온경향으로 보면 수소보다 더 크고 산소와 화합하기 쉽다. 상온에서도 산화철의 막이 철의 표면에 생긴다. 일단 산화철의 막이 생기면 이 막이 물이나 공기의 공격으로부터 철을 보호해준다. 그러나 공기 중에 조금이라도 이산화탄소가 섞여 있으면 철의 표면에 생기는 막이 다공질이 되어 즉시 해어지고 부서져 떨어지므로 보호층의 역할을 하지 못해 내부까지 부식된다. 가장 간단한 부식 방지법은 내수성의 페인트를 칠하는

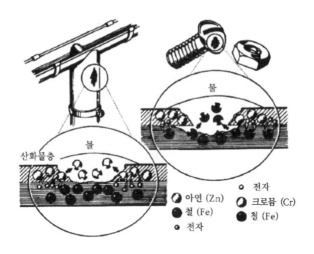

아연철판과 크로뮴도금

것인데 이렇게 해서 만든 도료의 막에 홈이 생기면 곧 부식이 시작된다. 법랑질도 좋으나 충격에 약하다는 것이 결점인데 곧 금이 생기게 된다. 역시 좋은 것은 아연도금으로서 내구성이 좋아 수년간은 비바람에도 견딘다. 아연은 이온화경향으로 보면 철보다 커서 철보다 반응하기 쉬운데도 불구하고 아연철판[10]이 잘 녹슬지 않는 것은 매우 이상한 현상이다. 더

10 역자주: 여기에서 설명한 것은 함석으로 이것은 강철판에 아연을 도금한 것이다. 아연이 철보다 이온화경향이 크기 때문에 철은 녹지 않고 아연만이 녹게 된다. 공기 속에 노출된 아연은 물속에서 이온화되어 Zn^{2+}이 되고 이것이 이산화탄소가 물에 녹아서 생긴 탄산이온(CO_3^{2-}) 및 물의 수산이온(OH^-)과 결합하여 물에 잘 녹지 않는 백색의 히드록시탄산아연($Zn(OH)_2 \cdot Zn CO_3$)을 만들어 내부를 보호하게 된다. 이때 표면이 파괴되어도 아연이 이온화경향이 크므로 아연은 녹고 철은 녹지 않아 수명이 길어진다.

한편 양철은 강철판 위에 주석을 도금한 것으로 주석이 철보다 이온화경향이 작기 때문에 철이 녹슬지 않아서 내부의 철을 보호할 수 있다. 그러나 양철에 상처가 생겨 노출된 철에 물이 묻으면 보통 철판보다 더 잘

욱이 아연의 피막이 일부분 벗겨져서 철이 노출되어도 녹슬지 않는다. 왜 그럴까. 그 이유는 철과 아연이 갈바니전지를 만들기 때문이다.

묽은 염산 속에 아연(Zn)과 백금(Pt)의 막대를 넣어도 아무런 변화가 일어나지 않는다.

그러나 아연과 백금을 전선으로 연결하면 곧 백금막대에서 수소가스가 발생하면서 아연막대가 녹아들어간다. 아연이 방출한 전자(e^-)가 전선을 통해서 백금에 흘러 들어가고($Zn \rightarrow Zn^{2+} + 2e^-$), 묽은 염산 중의 수소이온($H^+$)이 이 전자를 받아서 전기적으로 중성인 수소원자(H)로 변하고($H^+ + e \rightarrow H$), 수소원자 2개가 곧 수소분자(H_2)로 되어 가스 상태로 용액에서 나온다($H + H \rightarrow H_2$).

아연을 입힌 철판과 같이 두 종류의 금속이 접촉했을 때도 같은 결과가 일어나서 이산화탄소(CO_2)를 포함한 물, 즉 탄산(H_2CO_3)의 묽은 용액이 아연을 입힌 철판의 파손된 부분에 부착하면 마치 앞의 예와 마찬가지로 이온화경향이 큰 아연이 이산화탄소를 포함한 산성의 물속에 이온으로 녹고 철은 아연으로부터 전자를 받아 음의 전하를 띠기 때문에 백금의 경우와 같이 물의 공격을 받지 않는다. 따라서 아연을 입힌 철판은 내후성이 있어서 수년간 녹슬지 않게 된다.

크로뮴도금의 경우는 크로뮴이 반대의 작용을 한다. 자동차의 범퍼

녹슬게 된다. 즉 철이 주석보다 이온화경향이 크므로 녹아서 철이온이 생기고($Fe \rightarrow Fe^{2+} + 2e^-$), 전자는 주석극으로 가서 주석면에서는 수소가 발생한다($2H^+ + 2e^- \rightarrow H_2$). 이때 발생한 수소는 공기 중의 산소에 의해 산화되어 물이 되며 철은 계속 녹슨다.

는 크로뮴도금한 것인데 겨울철이 되면 보기 흉한 반점이 생기는 일이 많다. 특히 고속도로나 냉지의 도로에는 다량의 소금을 뿌리는데 특히 상처가 심해진다. 크로뮴도금한 부분에 홈이 생기면 아연을 입힌 철판의 경우와 마찬가지로 크로뮴과 철이 갈바니전지를 만든다. 여기에 빗물이 닿으면 염을 포함한 물의 전기전도도가 증가하므로 아연을 입힌 철판의 경우와 비슷한 현상이 일어난다. 다만 철과 크로뮴에서는 철 쪽이 이온화경향이 크므로 이번에는 철이 점점 이온화되어 녹슨다. 따라서 크로뮴도금의 경우에는 약간의 홈이 생겨도 녹슬기 쉽다.

조용한 전기자동차

1971년 5월의 어느 날 독일의 어떤 자동차 테스트 코스에서 실버그레이의 오페르의 쿠페(2인승 승용차)가 소리도 없이 미끄러지듯 달리며 점차 속도를 내더니 시속 240km를 기록했다. 이 시승차(試走車)는 좌석은 말할 것도 없고 운전석 위에까지 무게 740kg에 이르는 배터리를 쌓아 놓은 전기자동차였던 것이다. 이 스피드는 물론 전기자동차의 세계 기록이었다. 고속차 특유의 폭음도 없이 조용히 달리는 챔피언의 탄생이었다.

오늘날 세계의 여러 연구기관에서 가솔린엔진을 대체하는 다음 시대의 자동차 동력원을 찾으려는 연구에 집중하고 있으나 가능한 것은 모든 사람의 관심과 일치하는 전지식의 모터일 것이다. 전기자동차의 장점으로는 배기가스가 나오지 않고, 소음이 없고, 가속성이 좋으며 수명이 길

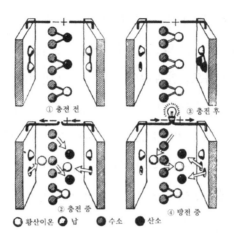

① 충전 전   ③ 충전 후

② 충전 중   ④ 방전 중

○ 황산이온 ◑ 납 ● 수소 ● 산소

축전지 속의 반응

고, 보수가 간단한 것 등을 들 수 있다. 문제는 소형으로 무게가 가볍고, 용량이 큰 배터리가 개발되는지에 달려 있다. 앞에서 설명한 시승차라 해도 총무게가 740㎏의 배터리를 사용했는데도 최고 시속 240㎞로 달린 것은 겨우 10분간이었다. 장래에 유망하지만, 가솔린엔진과 대체되려면 시간이 더 걸리지 않을까.

배터리[11]의 원리에 관해서는 갈바니전지에서 설명한 바와 같이 비교적 간단한 화학반응을 응용한 것이다. 그러나 단지 전극과 전해질을 알맞게 고르면 된다는 것이 아니다. 경제적인 면도 매우 중요한 조건이다.

11 역자주: 우리나라에서도 흔히 배터리라면 축전지, 전지라면 건전지를 말한다.

원리를 말하면 은이나 백금을 사용해서 전지를 만드는 것도 물론 가능하지만 값이 비싸서 실용적이지 않다. 따라서 축전지라는 것은 충전 가능한 전지를 일컫는데 납축전지를 말하는 경우가 많다. 다시 충전되든 되지 않든 간에 전지는 전지인데 배터리라면 흔히 납전지를 말한다.

앞의 그림에 납축전지의 원리를 나타냈다.

① 충전되기 전. 두 전극 모두 납(Pb)의 표면은 황산납($PbSO_4$)의 막으로 둘러싸여 있다. 액은 황산(H_2SO_4)의 묽은 용액으로 그 일부는 수소이온(H^+), 황산이온(SO_4^{2-})으로 해리(解離)되어 있다 ($H_2SO_4 \rightarrow 2H^+ + SO_4^{2-}$).

② 충전. 음극에 외부 전원으로부터 전자(e^-)가 들어와서 황산납($PbSO_4$) 중의 납이온(Pb^{2+})이 전자를 받아 납으로 되돌아가고 ($Pb^{2+} + 2e^- \rightarrow Pb$) 황산이온은 용액 중에 옮겨진다.

양극에서는 납이온이 다시 전자를 잃어버리고 이산화납(PbO_2)이 된다($PbSO_4 + 2H_2O \rightarrow PbO_2 + SO_4^{2-} + 4H^+ + 2e^-$).

③ 충전 완료. 음극에는 납의 막이 생기고 양극에는 산화납의 막이 생긴다. 수용액 중 황산의 농도는 증가한다.

④ 방전. ②와 반대의 반응이 일어난다. 음극에서 전자가 흘러나오고 ($Pb \rightarrow Pb^{2+} + 2e^-$), 음극상에는 황산납의 막이 생긴다($Pb^{2+} + SO_4^{2-} + PbSO_4$). 양극에서는 이산화납과 황산이온이 음극으로부터 전자를 받아서 산화납의 막이 생긴다($PbO_2 + SO_4^{2-} + 4H^+ + 2e^-$

→PbSO$_4$+2H$_2$O).

  방전할 때 전선을 통해 음극에서 양극으로 전자가 흐르므로(즉 전류가 흐른다) 여기에 회로를 연결하면 전구에 불이 켜지거나 전동기가 돌게 되는 것이다. 납축전지로부터 1kWh의 전력을 얻는 데는 23kg의 화학약품이 소비되지만 같은 양의 에너지를 얻는데 가솔린의 경우 0.75kg으로 충분하다. 이러한 사실만 봐도 장거리를 달리는 전기자동차의 실용화가 그리 간단하지 않다는 것을 여러분도 납득할 수 있으리라 믿는다. 경량화(輕量化)라는 관점에서도 납축전지에는 문제가 있고, 앞에서 설명한 시승차에는 가벼운 니켈, 카드뮴전지가 사용되었다고 한다.

3장

생명의 물, 석유

1967년 영국의 거대한 석유기업 BP사는 프랑스의 마르세이유 교외에 석유단백 제조공장을 건설한다고 발표했다. BP사의 석유단백제조의 기초적인 기술은 디젤유 유분(留分) 중에 함유되어 있는 중질파라핀유를 선택적으로 제거하는 방법을 개발 연구하는 데서 비롯된 것이었다. 디젤유 유분은 유럽의 겨울철에 잘 얼어서 배관류나 필터가 막히는 경우가 있다. 그 원인은 중질파라핀[1]에 있었다.

파라핀이라는 것은 사슬 모양의 포화탄화수소를 말하는 것으로서 메탄, 에탄, 프로판, 부탄과 같은 가스상의 것에서부터 유동파라핀과 같은 액상의 것, 나아가서 스키에 칠하는 고형파라핀에 이르기까지 사슬을 만들고 있는 탄소의 수에 따라 여러 가지가 있다.

고형의 중질파라핀이라도 증류하면 분리 제거되지만 비용이 많이 든다. 1957년 마르세이유의 화학자 샹파니아 등이 이 중질파라핀을 미생물을 사용하여 제거할 수 없을까라는 생각에서 연구에 착수했다. 석유에 기생하는 박테리아의 존재는 이미 알려져 있었다. 드디어 그들은 중질파라핀만을 먹고 디젤유 유분을 변질시키지 않는 효모를 발견했다.

흔히 초기의 목적과 같이 디젤유 유분의 미생물에 의한 정제라는 연구는 성공했으므로 이것으로 그만두기 마련인데 샹파니아는 연구를 계속했다.

그는 효모가 20분에서 120분 후에 2배로 증식하는 데 착안했던 것이

---

[1] 역자주: 이것은 포화의 사슬 모양 탄화수소를 말하는데 메탄계 탄화수소 또는 파라핀계 탄화수소라 하여 일반식 C_nH_{2n+2}로 표시한다. 노말 화합물에서는 상온에서 n=1~4까지는 기체, n=5~15까지는 액체, 그 이상은 고체이다.

다. 생물이 배로 증식하는 데 필요한 시간을 비교하면 목초는 1~2주, 돼지가 4~6주, 소가 1~2개월이다. 더욱이 효모의 주성분은 동물의 고기와 같은 단백질이므로 이만큼의 증식률을 가진 것을 사료로 이용해야 한다고 그는 생각했던 것이다. 그리하여 이번에는 사료, 즉 단백질의 제조라는 입장에서 연구를 계속했다. 여기에 샹파니아의 착상에는 좋은 점이 있었다. 효모라면 햇빛이나 비나 마구간을 필요로 하지 않는다.

드디어 샹파니아 등은 적당한 온도가 30℃인 것을 발견하여 탱크 중에 파라핀을 함유한 디젤유를 넣고 효모와 물을 가해 공기를 불어 넣고 저으면 4시간에 효모가 배로 증가한다는 것을 확인했다. 혼합물 중 고형분을 원심분리하여 세척한 다음 건조하면 황백색, 무미무취인 가루 모양의 단백질을 얻을 수 있다. 디젤유는 물과 분리되어 다시 단백질로 되돌아간다. 이러한 조작만으로 중질파라핀의 양은 10%에서 0.2~0.5%로 감소된다.

파라핀 1톤에서 단백질 1톤을 얻는다. 그런데 원유 100톤에서 디젤유를 10톤 얻는다면 디젤유 속에 10%, 즉 1톤의 파라핀이 함유되어 있는 경우 원유 100톤에서 석유단백질 1톤을 얻게 된다. 다만 이 석유단백질에는 맛이 없으므로 가축의 사료용으로 사용되며 인간이 먹으려면 무엇인가 가공해야 할 필요가 있을 것 같다. 식품이라는 것은 영양가가 높을수록 좋다는 이야기가 아니다. 미각 이외에도 오랫동안의 습관이나 풍속 또는 종교적인 문제 등이 복잡하게 얽혀있기 때문에 간단하지 않다. 농업이나 어업 이외에도 식품을 생산하는 산업이 있다는 의미에서도 세계의 식량문제에 있어서 기쁜 소식이 아닐 수 없다.

탄소화합물

석유의 기원

석유는 매우 오래전부터 사용된 것 같다. 구약성서의 「노아의 방주」에도 신이 노아에게 「측백나무로 상자를 만들어 그 속에 방을 만들고 이 방의 안팎에 피치를 칠하라」라고 명령하는데 여기에 나오는 피치는 원유가 지상에 유출되어 굳어진 아스팔트의 성분을 말하는 것으로 해석하고 있다. 유럽에 석유를 가져온 것은 페르시아인들이라 하여 2세기 말에서 3세기 말에 걸쳐 재위했던 왕 가운데 석유로 목욕탕 물을 데운 왕이 있었다고 전해 내려오고 있다. 중국에서도 2천 년 전쯤에 석유나 천연가스를 취사용이나 등불에 사용했고 대나무로 배관해서 가정에 천연가스를 공급한 곳이 있었다고 한다. 이것이 세계에서 가장 오래된 파이프라인(?)일 것이다.

현대 문명은 석유 위에서 성립되고 있다. 따라서 석유의 중요성은 이제 다시 강조할 필요가 없다. 1977년 사우디아라비아의 유전에서 화재가 일어났는데 이 뉴스가 전해지자 세계가 들끓어 마치 공황 일보 직전이었다. 다행히 3일 후에 진화하는 데 성공했으나 이 사고는 크게는 세계 경제에 충격을 주어 석유가 지니는 중요성을 재인식시켰다. 지구상의 석유매장량에는 한계가 있어서 산유국과 비산유국과의 격차는 여러 가지 면에서 커다란 문제를 던져주고 있다. 그러나 석유의 중요성을 인식하고 있는 것에 비한다면 석유의 기원, 즉 석유가 무엇에서부터 어떻게 해서 만들어졌는가에 대해서는 오늘날 아직껏 밝혀지지 않은 면이 많다. 석유의 기원은 크게 나누어서 유기물기원설과 무기물기원설이 있으며, 앞의 설이 우세하지만 뒤의 설에도 경청해야 할 만한 독특한 점이 있다.[2]

유기물기원설에 실증적인 기초를 마련한 것은 독일의 앵글러였다. 그는 칼스루에 있는 대학 교수였는데 1880년에 어유(魚油)를 10기압, 320~340℃로 처리했더니 증류생성물 중에 석유의 성분과 같은 물질이 함유되어 있는 것을 확인했다. 최근에는 석유 속에서 혈액 중의 색소인 헤모글로빈의 유도체나 식물의 잎의 색소인 클로로필(엽록소)의 유도체도 발견되어 유기물기원설의 유력한 근거가 되고 있다. 당초, 고래나 큰 도마뱀이 석유의 원료라고 생각한 시대도 있었으나 석유의 매장량과 고래나 큰 도마뱀의 수를 비교해도 이 학설은 별로 설득력이 없다. 역시 문제가 되는 것은 당시 생식되던 동식물 중에서 대량으로 있었던 것이 아니면 안 된다. 여기에 해당하는 것은 바닷속의 플랑크톤과 같은 미생물이 아닐까.

---

2 **유기물과 유기화학** 화학이 유기화학과 무기화학으로 분류된 것은 1777년 미국이 독립하고 1년 후의 일이었다. 당시에는 생명이나 생물과 관계가 있는 물질, 즉 유기물을 다루는 화학을 유기화학, 광물질 등 생명과 관계가 없는 물질, 즉 무기물을 다루는 화학을 무기화학이라 했다. 그리하여 유기물은 생명이 지닌 특별한 생명력에 의해서만 만들어진다는 생각이 지배적이었다. 그러나 뵐러는 무기물인 시안산암모늄(NH_4CNO)을 가열해서 유기물인 요소[$(NH_2)_2CO$]를 합성[$NH_4CNO \rightarrow (NH_2)_2CO$]하여 그 당시까지의 정설을 밑바닥에서 뒤집어엎었다. 오늘날에는 탄소화합물의 화학을 유기화학이라 한다. 다만 편의상 일산화탄소(CO), 이산화탄소(CO_2), 탄산염(MCO_3) 등은 무기화합물로 다룬다.

어떤 계산에 의하면 지구상의 바다 전체에서 연간 생성하는 플랑크톤의 양은 200억 톤에 이른다고 한다. 만약 이런 비율로 플랑크톤이 수백만 년, 수천만 년 계속 태어나고, 그 시체가 바다 밑에 계속 퇴적했다고 하면 양적으로는 석유 생성의 원료로서 충분하지 않을까.

그리고 질적 변화는 어떻게 될까? 이에 관해서는 유럽대륙의 탄생에까지 거슬러 올라갈 필요가 있다. 유럽의 대부분이 약 1억 3500만 년 전의 쥐라기 때는 바다 밑에서 잠자고 있었다. 해마다 수십억 톤의 플랑크톤이 태어나고 또 죽어서 바다 밑에 플랑크톤의 시체가 쌓여갔다. 약 3500만 년 지난 다음에 바다 밑이 융기해서 바다가 얕아지고 바닷물 속의 산소가 점점 부족해서 결국에는 무산소 상태에서 부패가 계속되어 퇴적물이 되었다. 이 퇴적물이 500만 년 또는 1000만 년에 걸쳐 고화해서 역청(瀝靑)의 층으로 바뀌었던 것이다. 그러는 사이에 쥐라기의 해저도 지상에 그 모습을 나타내서 동식물도 생식했지만 때가 지남에 따라 역청층도 점차 지하에 파묻혀갔다. 이것이 쥐라기층이다. 곳에 따라서는 수천 미터의 층으로 생장한 역청층도 지열과 지압에 의해서 1억 년 동안에 석유로 변화된 것이라고 추정한다.

미국이나 소련(현 러시아)에는 유기물만 석유의 기원이 아니고 지하 1만 미터보다 깊은 장소라면 지열과 지압에 의해서 수소와 탄소로부터 직접 석유가 생성될 수 있다는 학설을 주장하는 학자도 있다. 있을 수 없는 일은 아니다. 그러나 이 시점에서는 유기물 생성설이 유력하다.

석유의 성분

여러분은 앞에서 석유의 유기물 기원설을 읽고 어쩌면 석유의 성분이 마치 매우 복잡한 구조를 지닌 단일화합물인 것 같은 인상을 받았을지도 모른다. 그러나 사실 석유란 여러 가지 화합물이 혼합된 것이다. 이러한 사실은 석유를 정제, 즉 증류[3]하면 휘발유, 등유, 경유, 중유, 아스팔트 등의 많은 석유 제품을 얻을 수 있다는 것으로도 쉽게 알 수 있을 것이다.

그렇다면 석유에는 어떠한 화합물이 혼합되어 있는 것일까. 겨울철에 난방용으로 등유의 석유스토브를 사용하는 가정이 많은데 점화하면 오렌지색의 불꽃과 함께 새까만 연기가 나온다. 검은 연기 위에 유리의 파편을 덮으면 검은 것이 붙는다. 손끝으로 문지르면 새까맣게 된다. 그을음이다. 우뚝 솟은 굴뚝에서 나오는 연기, 대형트럭이 언덕을 올라갈 때 배기관에서 새까만 연기가 나오는데 이것도 역시 그을음이다. 그을음은 탄소의 미립자로 석탄, 석유, 천연가스 등 유기화합물이 불완전연소 했을 때 발생한다. 그러므로 석유스토브의 심지를 조절하면 완전연소되어 그을음이 나오지 않게 된다. 이와 같이 석유 중에는 탄소가 함유되어 있음을 알 수 있다.

---

3 역자주: 석유층에서 뿜어 나오는 그대로의 석유는 녹갈색의 액체로 이것을 원유라 하는데 원유는 대부분 탄소와 수소로 된 여러 가지 탄화수소의 혼합물로서 비중이 0.8~0.90이다. 원유의 조성은 탄소 80~86%, 수소 12~15%이며, 산소, 질소, 황 등이 1~3%이다. 원유를 증류하면 비등점이 낮은 부분으로부터 비등점이 높은 부분의 차례로 탄화수소가 유출되어 나온다. 이와 같이 증류에 의해서 액체 혼합물을 비등점이 다른 부분으로 나누는 것을 분별증류 또는 줄여서 분류라 한다.
원유를 가열하면 여기에 녹아 있던 메탄, 에탄, 프로판 같은 탄화수소를 얻고, 약 40~200℃에서 가솔린, 약 150~250℃에서 등유, 약 250~350℃에서 경유를 얻으며 나머지가 중유, 그 밖에 나중에 남은 것에서는 석유피치 또는 아스팔트를 얻는다.

석유스토브가 푸른 불꽃을 내면서 잘 타는 곳에 주전자에 물을 넣어 석유스토브 위에 얹어 놓으면 주전자의 밑바닥에 물방울이 많이 묻는다. 공기는 질소(N)와 산소(O)의 혼합물로서 수소(H)는 함유되어 있지 않으므로 석유 속에 화합물로 함유되어 있는 수소가 타서 공기 중의 산소와 화합하여 물(H_2O)이 생겼다고 해석할 수 있다. 즉 석유 속에는 수소도 함유되어 있는 것이다.

다시 화학실험실에서 석유의 성분을 분석하면 석유의 주성분은 탄소와 수소만의 화합물임이 확실해진다. 이와 같은 화합물을 화학술어로는 탄화수소라고 한다.

석유단백질의 항에서 살펴본 바와 같이 석유단백효모가 먹는 고형의 파라핀이나 가스상의 메탄, 에탄, 프로판에서 액상의 가솔린, 등유, 경유, 중유, 아스팔트에 이르기까지 그 성분은 모두 탄화수소인 것이다.

공유결합[4]

도시가스나 천연가스를 태워도 석유스토브의 경우와 마찬가지 것을 관찰할 수 있다.

---

4 역자주: 원자가 맨 바깥 전자껍질의 전자를 서로 내놓아 전자쌍을 만들고, 이 전자쌍을 공유해서 이루어지는 결합을 말하는데, 비이온성 화합물은 공유결합으로 이루어진다. 또한 공유결합은 수소(H_2), 염소(Cl_2), 산소(O_2)와 같은 비금속원소의 원자가 같은 원소의 원자와 결합하여 된 단체 또는 메탄(CH_4), 염화수소(HCl), 암모니아(NH_3)와 같이 비금속원소의 원자와 결합할 때 이루어진다.

천연가스의 주성분은 메탄, 즉 가장 간단한 탄화수소로서 메탄 분자는 탄소(C) 1개와 수소원자(H) 4개로 만들어져 있다. 따라서 메탄의 화학식은 CH_4이다.

앞에서 이온결합에 관해서 살펴보았는데 탄소원자와 수소원자의 결합이 이온결합이라면 수소가 1개밖에 없는 맨 바깥 전자껍질의 전자를 방출해서 양이온이 되고($H \rightarrow H^+ + e^-$) 탄소는 4개 있는 맨 바깥 전자껍질의 전자에 수소로부터 4개의 전자를 받아서 합계 8개의 희유기체형 전자배열을 해서 음이온이 될 것이다($C + 4e^- \rightarrow C^{4-}$). 아니면 반대로 탄소가 맨 바깥 전자껍질의 전자 4개를 방출해서 양이온이 되고($C \rightarrow C^{4+} + 4e^-$) 수소가 음이온이 되어($H + e^- \rightarrow H^-$) 쿨롱인력에 의해서 결합되어야 할 것이다. 그러나 실제로는 어느 경우도 메탄의 결합을 정확하게 설명한 것이 아니다. 즉 메탄분자의 탄소-수소결합은 이온결합이 아닌 것이다. 그러나 탄소와 수소는 이온결합보다 세게 결합되어 있다. 즉 새로운 결합형태, 즉 공유결합을 이룬다.

수소를 예로 들어 공유결합을 조금 더 자세히 설명하기로 하자. 수소는 수소원자 2개가 결합해서 2원자분자의 형태를 지닌다. 따라서 수소원자를 H_2로 나타낸다. 원자 상태의 수소는 매우 반응하기 쉬우므로 대부분 매우 짧은 시간만 존재한다. 수소원자에는 맨 바깥 전자껍질에서 전자 1개를 방출하거나 받아드리거나 해서 희유기체형의 전자배치를 하려는 성질이 있기 때문이다. 그러나 수소원자가 이온결합하여 수소분자를 만드는 것은 아니다. 마찬가지로 반드시 수소원자가 한쪽이 양이온이 되고 다른 쪽이 음이온이 되어서 결합한다고는 생각할 수 없다. 그러나 현실적으로 수소는 희유가스형의 전자배치를 해서 안정한 분자를 만든다. 도대체 어떻게 되어 있는 것일까? 이것에는 조금의 트릭이 있다. 2개의 수소원자는 서로 전자를 1개씩 내보내서 결합하여 2개의 원자핵 주위에 공통의 전자껍질 1개를 만들고 이 새로운 전자껍질에 양쪽의 수소원자의 전자 2개가 들어가서 희유기체형 전자배치를 이루게 되는 것이다. 즉 2개의 원자가 공통의 전자껍질을 만들어서 전자 2개를 공유한다. 따라서 공유결합 또는 전자쌍결합이라고 한다.

메탄의 경우에는 조금 복잡해서 앞에서 설명한 원자모형(p.32)으로 되돌아가서 설명하고자 한다.

파울리의 원리와 오비탈

원자모형, 전자구름, 전자껍질 등에 관해서는 이미 설명했으므로, 원자 내에서는 양전기를 띤 원자핵 주위를 음전기를 띤 전자가 에너지준위에 따라서 전자구름 또는 전자껍질을 만들어 둘러싸고 있다는 기본지식을 알고 있을 것이라고 생각한다.

앞에서 설명한 바와 같이 보통의 상태(바닥 상태)에서는 각 전자껍질에는 2, 8, 18, …과 같이 $2n^2$개의 전자가 들어가지만 전자껍질을 자세히 검토하면 전자가 2개 한 쌍이 되어 전자쌍을 만들지만 에너지준위에 따라 다시 s, p, d, …와 같이 세분되어 있는 것으로 알려져 있다. 이러한 에너지준위는 4개의 수(양자수)에 의해서 결정되어 각각 주양자수($2n^2$의 n) 방위양자수(ℓ), 자기양자수(m), 스핀양자수(s)라 한다.

같은 원자 내에서는 2개의 전자가 네 가지 모두 같은 양자수를 가지는 일이 허용되지 않는다(파울리의 배타원리). 더욱이 스핀이라는 것은 팽이처럼 도는 것으로 말하자면 자전에 해당한다. 따라서 오른쪽으로 도는 것과 왼쪽으로 도는 것의 두 가지 종류가 있게 마련이고, 이 반대로 도는 전자가 전자쌍을 이룬다. 이 전자쌍, 말하자면 전자 2개가 들어가는 전자껍질(전자구름)을 궤도(오비탈)라고 부른다(1개밖에 들어가지 않는 경우도 물론 있다). 이러한 경우의 궤도는 앞에서 설명한 미니태양형 모형의 궤도(오비탈)와는 본질적으로 다른 것은 두말할 나위도 없다.

혼성궤도

이 새로운 의미의 전자궤도(오비탈)를 네온(Ne)을 예로 들어 더 구체적으로 설명하고자 한다. 네온의 원자는 양성자 10개와 전자 10개로 되어 있으나 맨 처음의 전자껍질(주양자수 n=1)은 전자 2개로 가득 차 있다($2n^2$=2). 다음의 전자껍질(n=2)은 전자 8개로 가득 차 있다($2n^2$=8). 이 8개의 전자 중에서 2개는 원자핵 주위에 구형의 전자구름을 만들고(s궤도 또는 2s궤도), 나머지 6개는 2개씩 전자쌍이 운동할 때 쓰이는 쇠아령 모양으로 전자구름 3개를 만들어 서로 직각으로 교차한다(p궤도 또는 2p궤도). p궤도는 직각좌표의 x축, y축, z축 방향으로 퍼져 있다. 따라서 네온의 전자는

1s=2, 2s=2, 2p=6(p_x=2, p_y=2, p_z=2)와 같이 분포한다. 주양자수가 셋 이상의 전자껍질에는 s궤도, p궤도 외에 d궤도 등이 있으나 여기에서는 다루지 않기로 한다.

탄소원자는 양성자 6개와 전자 6개를 가지고 있으나 처음의 전자껍질(n=1)은 2개로 가득 차 있고 다음의 전자껍질(n=2)은 4개로 가득 차 있지 않다. 통상의 상태(바닥 상태)에서는 2s궤도에 2개 들어가서 만원이고, 2p궤도에는 p_x와 p_y에 각각 1개씩 들어 있다(2s=2, 2p_x=1, 2p_y=1). 따라서 맨 바깥 전자껍질의 전자 4개 중에서 2s궤도에 들어가 있는 전자와 2p궤도에 들어가 있는 전자에서는 에너지 상태가 조금 다르므로 반응성이 다르기 마련인데, 메탄의 예에서 알 수 있듯이 탄소는 수소 4개와 똑같이 결합하여 정사면체를 형성해 탄소의 맨 바깥 전자껍질의 전자 4개 사이에는 반응성의 차이가 없다. 이러한 모순은 어떻게 해석하면 좋을까.

결합상태라는 특별한 경우(들뜬 상태)에서는 탄소의 2s궤도로부터 전자 1개가 2p궤도로 가서 2s궤도의 전자 1개와 2p궤도의 전자 3개가 혼합해서 에너지준위가 꼭 같은 새로운 궤도(혼성궤도)가 4개 만들어진다. 새로운 4개의 혼성궤도에서는 정사면체의 중심에 원자핵이 위치하여 전자궤도는 4개의 꼭짓점 방향을 향한다. 새로운 궤도는 s궤도나 p궤도가 아닌 전혀 새로운 sp^3혼성궤도이다. 각 혼성궤도에는 1개씩의 전자가 들어가서 수소와 4개의 같은 결합을 만든다.

수소분자의 예에서 설명한 바와 같이 수소원자와 탄소원자가 전자 1개씩 서로 내놓아서 전자쌍을 만들어 공유결합하면(수소에서 보면 맨 바깥

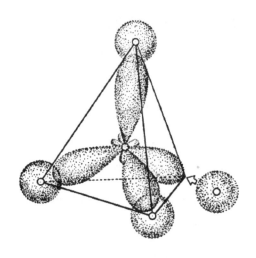

메탄(CH₄)분자와 시그마 결합

전자껍질의 전자 2개의 희유기체형 전자배치) 탄소의 4개의 혼성궤도가 모두 똑같이 수소와 공유결합을 형성하므로(탄소에서 보면 맨 바깥 전자껍질의 전자 8개의 희유기체형 전자배치), 정사면체의 중심에 탄소가 있고 4개의 꼭짓점에 수소가 위치하는 정사면체구조의 메탄이 생성된다.

최근에 와서 정밀한 구조해석 결과 이 정사면체구조가 실증되어, 다른 유기화합물에 관해서도 탄소의 결합각이 정사면체의 그것과 같게 109° 28′을 이루는 것이 다수 존재함이 확인되었다.

파라핀계 탄화수소

원소 중에서 가장 많은 화합물을 만드는 것이 탄소이다. 문헌에 실려 있는 탄소화합물만 해도 100만 종 이상을 넘고 있다. 석유나 천연가스에 함유되어 있는 탄화수소 중에서 가장 간단한 메탄(CH_4), 프로판(C_3H_8), 부탄(C_4H_{10}) 등의 포화탄화수소가 있다. 탄소의 특징은 무엇보다도 탄소가 서로 결합해서 탄소의 사슬을 만드는 것으로서(⋯⋯⋯C-C-C-C⋯⋯⋯), 탄소가 2개 결합하고 나머지 부분 전부에 수소가 결합하면 에탄(H_3C-CH_3, C_2H_6)이 된다.

에탄 ethtane

프로판 propane

부탄 butane

펜탄 pentane

헥산 hexane

파라핀계 탄화수소(에탄~헥산)

에탄은 기체이고, 천연가스 중에도 함유되어 있다. 똑같이 탄소가 결합된 것이 프로판(CH_3-CH_2-CH_3)으로 봄베에 넣어 연료로 판매하고 있다. 탄소사슬이 4개 연결된 것이 부탄(CH_3-CH_2-CH_2-CH_3)으로서, 실온에서는 기체이지만 압력을 가하면 간단하게 액화되므로 소형의 용기에 넣어 가스라이터의 연료로 쓰인다.

이하, 탄소 수를 그리스 숫자로 나타내고 어미에 -ane를 붙여서 명명한다(그림 참조). 펜탄(pentane, C_5H_{12}), 핵산(hexane, C_6H_{14}), 헵탄(heptane, C_7H_{16}), 옥탄(Octane, C_8H_{18})에서 핵사데칸(hexadecane, $C_{16}H_{34}$)까지는 실온에서 액체, 탄소 수가 17 이상의 포화탄화수소는 실온에서 고체로서 안정하므로 파라핀이라 한다. 스키에 칠하는 왁스 등에 쓰인다.

이러한 탄화수소는 탄소 수를 n이라 하면 일반식 C_nH_{2n+2}로 나타낼 수 있다. n이 1이면 CH_4, n이 2이면 C_2H_6, 8이면 C_8H_{18}, 16이면 $C_{16}H_{34}$이다. 이와 같이 같은 일반식으로 나타내는 화합물 전체를 전문용어로는 동족열이라 한다. 또한 여기에서 설명한 동족열을 파라핀계 탄화수소 또는 사슬 모양 포화탄화수소, 지방족탄화수소라 한다.

석유정제

유전에서 얻는 석유는 새까만 진흙 같은 점조(粘稠)한 액체로서 이것을 흔히 원유라고 하지만 파이프라인이나 대형탱크로 정유소에 보내져서 정유된다. 정유소에서는 은색에 반짝이는 탱크나 높은 탑이 즐비해서 붉은

색과 흰색의 줄무늬 모양으로 칠한 굴뚝에서 오렌지색의 불꽃이 밤낮을 가리지 않고 피어오르는 것을 멀리서도 잘 볼 수 있다. 이것은 폐기가스를 태우는 것이다.

석유정제라고 하는 것은 요컨대, 증류[5]에 의해서 원유에 함유되어 있는 탄화수소를 휘발유, 디젤유, 중유, 윤활유 등의 석유제품으로 나누는 조작이다. 우선 상온에서 증류한다(상압증류 또는 토핑이라 한다). 최초에 50~200℃에서 나오는 것이 가솔린유분(조가솔린 또는 나프타라고 한다), 150~250℃의 유분이 등유 및 경유, 250~300℃에서 나오는 것이 디젤유이다. 300℃ 이상은 잔류유라 해서 감압하여 말하자면 진공증류하거나, 크래킹(다음 항 참조)하여 석유유분 중에서 부가가치가 가장 높은 가솔린유분이 많도록 한다. 토핑이나 크래킹에서 얻은 가솔린유분은 리포밍(개질)이라 부르는 조작에 의해서 화학구조에 변화를 일으켜 옥탄값을 높여 자동차 가솔린으로 판매한다.

---

5 **증류**: 두 가지 이상 액체의 혼합물을 끓는점의 차이를 이용하여 분리하는 조작을 증류라 한다. 위스키나 브랜디는 증류주이다. 양조주인 포도주는 알코올[에틸알코올(C_2H_5OH)]을 약 10% 함유한 수용액인데, 포도주를 알코올의 끓는점 78℃보다 조금 높은 온도로 가열하면 끓어서(물의 끓는점 100℃) 알코올분이 많은 증기로 기화되므로 이 증기를 물로 식혀 파이프 속으로 통과시키면 액화하여 알코올분이 높은 브랜디의 원액을 얻는다. 이 과정이 증류이다. 증류를 되풀이하면 브랜디의 알코올 농도가 더욱 높아진다. 끓는점의 차이가 적을 때는 분리가 매우 어렵고 수십 미터 높이의 증류탑이 필요하게 된다. 증류탑 속에서는 브랜디나 위스키의 증류와 그 원리가 같은 과정이 탑 밑에서부터 위까지의 사이에서 되풀이되면서 완전하게 분리되어 순수한 물질을 얻는다. 혼합성분이 많을 때는 분별증류라고도 한다. 또한 혼합성분의 성질을 이용하여 수증기증류, 진공증류를 할 때도 있다. 일반적으로 작은 분자는 빨리, 큰 분자는 느리게 기화된다.

크래킹

앞에서 설명한 바와 같이 값싼 높은 끓는점 유분에서 값비싼 가솔린유분을 얻으려고 하는 것이 크래킹이다. 토핑의 잔류유분, 중유, 윤활유 등을 350℃ 이상으로 가열하면 탄소-탄소의 결합이 끊어져서 끓는점이 낮은 탄화수소가 된다. 예컨대 탄소 17 이상의 탄화수소는 실온에서 고체이지만 이것을 2, 3개소에서 끊으면 탄소 수가 6~11, 즉 핵산(C_6H_{14}, 끓는점 69℃), 헵탄(C_7H_{16}, 끓는점 98℃), 옥탄(C_8H_{18}, 끓는점 126℃), 노난(C_9H_{20}, 끓는점 151℃), 데칸($C_{10}H_{22}$, 끓는점 174℃), 운데칸($C_{11}H_{24}$, 끓는점 196℃)에 상당하는 탄화수소가 되어 가솔린유분을 얻는다. 열만으로 절단하는 방법을 열분해법, 실리카, 알루미나(Al_2O_3/SiO_2) 등의 촉매를 사용하는 방법을 접촉분해법이라 한다. 접촉분해법으로 탄화수소를 분자의 한가운데 부근에서 끊을 수 있으므로 가솔린유분을 높은 수율로 얻을 수 있다는 장점이 있다.

촉매라는 것은 조금만 가해도 화학반응을 빨리 일으키게 하거나, 때로는 이것이 없으면 반응이 일어나지 않기도 하는, 말하자면 그 자신은 반응하지 않는 그런 불가사의한 물질이다. 중세의 연금술사들은 납을 금으로 바꾸는 「현자의 돌」을 찾으려고 했다는데 크래킹에 있어서 실리카, 알루미나촉매는 「현자의 돌 현대판」일 것이다. 촉매가 근대의 화학공업에서 이룩한 역할은 매우 커서 촉매가 없는 화학공업은 생각할 수 없다. 우리들의 몸속에도 촉매가 있어서 이 촉매가 없으면 인간은 살아갈 수 없다.

이것에 관해서는 뒤에서 살펴보기로 하고 여기에서는 촉매의 작용을 다음의 그림으로 나타내고자 한다.

촉매는 터널을 지나는 트럭(?)

　화학반응을 일으키려면 보통 반응하는 물질을 일정 온도 이상으로 가열할 필요가 있다. 이것이 고개에 해당한다.

　위의 그림에서는 자전거로 애써서 고개를 올라가는데(보통의 반응), 아래의 그림에서는 트럭에 끌려서 자동차도로의 터널을 통해서 가므로(촉매를 사용한 촉매반응) 큰 에너지를 외부로부터 가하지 않아도 쉽게 왼쪽의 반응계에서 오른쪽의 생성계로 옮길 수 있다.

노킹과 옥탄값

가솔린엔진의 원리는 실린더 속에서 기화한 가솔린과 공기의 혼합물을 압축해서 점화, 폭발시켜 피스톤을 움직이는 것이다. 그런데 가솔린 성분 중 헥산(C_6H_{14})과 헵탄(C_7H_{16})은 기화되어 공기와 혼합, 압축하기만 하면 발열해서 점화되기 전에 폭발하므로 피스톤을 최고 위치로 밀어 올리기 전에 실린더 속의 압력이 낮아져서 움직이지 않고 멈추게 된다.

이것이 노킹이다. 노킹을 일으키면 엔진의 효율이 매우 저하되어 심하게 소모된다. 그런데 대부분의 나라에서 실린더 용적에 대해서 과세하기 때문에 생산업자들은 다투어 압축률을 높여 마력을 올리려고 한다. 압축률을 높이면 노킹도 일어나기 쉬우므로 필연적으로 가솔린의 안티노크성을 높일 필요가 있다.

노킹이 일어나기 어려운 정도, 즉 안티노크성을 나타내는 척도가 옥탄값이다.

옥탄값은 이소옥탄의 옥탄값을 100, n-헵탄의 옥탄값을 0으로 정한 상대적인 값이다. 옥탄값이 90인 가솔린은 이소옥탄 90%, n-헵탄 10%의

$$CH_3-CH_2-CH_2-CH_2-CH_2-CH_2-CH_3$$

n-헵탄

이소옥탄

혼합물과 같은 노킹을 일으키는 것을 나타낸다.

이소옥탄은 그 분자식이 곧은 사슬 모양의 n-옥탄(n-C_8H_{18})과 같지만 가지가 있다.

이와 같이 분자식은 같으나 구조가 다른 물질을 이성질체라 한다.

옥탄값을 올리는, 즉 안티노크성을 높이는 데는 다음 세 가지 방법이 있다.

① 4에틸화납과 같은 안티노크제를 첨가한다.
② 이소옥탄의 구조에서 알 수 있는 바와 같이 가지가 달린 탄화수소를 만든다.
③ 벤젠, 크실렌, 톨루엔 등의 방향족 탄화수소의 함량을 증가시킨다.

① 중에서 4에틸화납은 말하자면 납공해를 일으키므로 사용을 금지 또는 제한하는 나라가 많다. ②, ③의 방법은 앞에서 설명한 리포밍(또는 개질)법으로써 촉매를 사용하는 경우가 많다. 특히 백금계의 촉매를 사용하는 플랫포밍이 유명하다.

한편 노킹을 반대로 이용하는 것이 디젤 엔진이며 실린더 속에 중유를 안개처럼 불어 넣어 공기와 혼합, 압축하면 발열해서 점화하지 않아도 자연히 발화 폭발하여 피스톤을 밀어 올린다. 연료비도 싸고 가솔린을 사용하지 않는다는 점이 재평가되어 세계적으로 트럭뿐 아니라 승용차에도 디젤엔진을 사용하는 경향이 있다.

올레핀과 석유화학

20세기 초엽 자동차의 보급에 따라 가솔린의 수요가 증가되어 크래킹 장치도 많이 건설되었다. 크래킹을 하면 긴 탄소사슬의 꼭 가운데 부근에서 끊어지기만 하는 것이 아니라, 가솔린유분 외에 에틸렌, 프로필렌, 부틸렌 등의 올레핀계의 불포화탄화수소가 대량 얻어진다. 공업적으로도 이러한 올레핀의 유용성이 급증했다.

올레핀계 탄화수소는 에틸렌($CH_2=CH_2$, C_2H_4), 프로필렌($CH_3-CH=CH_2$, C_3H_6, 프로펜이라 해야 하지만 보통 프로필렌이라 부른다), 부틸렌(부텐 $CH_3-CH_2-CH=CH_2$, C_4H_8)과 같이 C_nH_{2n}의 일반식으로 나타내며 파라핀계 탄화수소(CnH_{2n+2})보다 1분자당 수소원자 2개가 적으며, 따라서 탄소-탄소의 이중결합($C=C$) 1개가 포함되어 있다.

우선 최초로 쓰이게 된 것은 프로필렌으로서 여기에 물을 부가해서 이소프로필알코올[$CH_3-CH(OH)-CH_3$]을 만들어 페인트의 용제로 사용하거나, 다시 이소프로필알코올을 탈수소하여 아세톤($CH_3-CO-CH_3$)을 만드는 기술도 개발되었다. 아세톤은 뛰어난 유기용매이며 뒤에 아크릴수지의 원료가 되었다. 또한 올레핀계 탄화수소를 벤젠에 부가시켜서 에틸벤젠이나 이소프로필벤젠[$C_6H_5CH(CH_3)_2$] 등의 알킬벤젠을 만들어 가솔린과 섞어서 옥탄값을 높이는 데 쓰인다. 뒤에 에틸벤젠으로부터 탈수소반응에 의해서 폴리스티렌의 원료인 스티렌($C_6H_5CH_2=CH_2$)의 제조법이나, 이소프로필벤젠(쿠멘)에서 아세톤과 베이클라이트나 나일론의 원료인 페놀(C_6H_5OH) 등을 동시에 얻는 쿠멘법이 개발되어 석유화학의 선구로서

에틸렌 C_2H_4
플라스틱
합성수지
아크릴 유리
의약품
섬유
용제
도료
에어로졸
세제
아크릴 섬유
메탄 CH_4

벤젠 C_6H_6
아닐린염료
나일론
세제
살충제
제초제
플라스틱 합성고무
의약품
프로필렌 C_3H_6
부틸렌 C_4H_8
베이클
라이트
아세톤
나일론
강화플라스틱
셀로판
합성고무
폴리프로필렌

여러 가지 석유화학 제품

대규모의 장치가 만들어졌다. 제2차 세계대전 중에 고압법 폴리에틸렌, 대전 후에 지글러촉매를 사용한 저압법 폴리에틸렌이 대량 생산되기에 이르러 본격적인 석유화학 시대에 돌입했다. 그림에 메탄이나 올레핀에서 얻는 중요한 제품명을 나타냈다.

앞에서 설명한 바와 같이 올레핀계의 탄화수소는 탄소-탄소의 이중결합(C=C) 1개를 포함하고 있으나, 이 이중결합은 메탄의 경우의 sp^3혼성궤도와는 다른 sp^2혼성궤도로 이루어져 있다. 이것을 에틸렌($H_2C=CH_2$, C_2H_4)에 관해서 보면 메탄의 경우에도 설명한 바와 같이 보통의 상태(바닥상태)에서는 탄소의 맨 바깥 전자껍질의 전자 4개는 2s에 2개, 2p에 2개 들어 있으나 결합상태(들뜬상태)에서는 2s전자 2개 중 1개가 2p에 옮겨가서($2s=1$, $2p_x=1$, $2p_y=1$, $2p_z=1$)이 된다.

이 중에서 2s, $2p_x$, $2p_y$의 3개가 $2p_z$를 남겨둔 채 sp^2혼성궤도 3개를 만든다. 이 새로운 3개의 sp^2궤도는 동일평면상에 있어서 서로 120°의 각을 이루고 각각 1개의 전자가 들어가 있다.

에틸렌의 경우에는 우선 그중에서 1개의 sp^2궤도가 중첩되어 탄소-탄소의 결합(C-C)이 이루어지고 나머지 4개의 sp^2궤도는 수소의 1s궤도와 중첩되어 탄소-수소결합(H_2C-CH_2)이 형성된다. 따라서 2개의 탄소와 4개의 수소는 모두 동일평면상에 있다. 그런데 탄소에는 탄소-수소평면과 직각 방향의 $2p_z$궤도에 전자 1개씩이 남아 있다.

이 양쪽 탄소의 $2p_z$궤도가 중첩되어서 이루어진 것이 탄소-탄소의 두 번째 결합으로서 sp^2결합이 중첩된 결합에 비해서 약간 느슨한 결합이다.

이처럼 원자와 원자의 결합축에 직각 방향의 전자궤도가 중첩되어서 이루어진 결합을 π결합이라고 한다. 이에 대해서 sp^2와 sp^2(에틸렌의 C-C), sp^2와 s(에틸렌의 C-H), sp^3과 s(메탄의 C-H)와 같이 결합축 방향에 중첩되어 이루어진 결합을 σ결합이라 한다.

벤젠과 거북등무늬

파라핀유나 올레핀류의 탄화수소는 탄소가 몇 개씩이라도 사슬처럼 결합된 탄소사슬(……C-C-C……)을 골격으로 하는 사슬 모양 탄화수소이다.

지방의 성분인 지방산에는 이러한 사슬 모양의 탄소골격을 가진 것이 많으므로 지방족탄화수소라 한다. 가장 간단한 파라핀계 탄화수소인 메탄(CH_4)에서는 탄소와 수소 4개가 결합(화학술어로 원자가 4가라 한다)

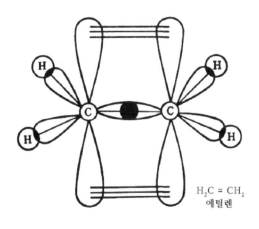

$H_2C = CH_2$
에틸렌

케쿨레

해서 포화되어 있다. 파라핀의 일반식 C_nH_{2n+2}는 물론 올레핀의 일반식 C_nH_{2n}에도 따르지 않는 불포화이면서도 안정한 탄화수소가 발견되었는데, 바로 벤젠 C_6H_6이다.

발견자는 전자기학 분야에서도 유명한 패러데이(Michael Faraday, 1791~1867)로 1825년에 도시가스의 배관 속에 괴인 액체에서 처음 발견했다.

어쨌든 수소 4원자와 결합하는 능력이 있는 탄소가 벤젠에서는 수소와 1:1의 비율로 결합하면서도 안정하다. 이러한 이유로 벤젠이 어떠한 구조를 지니고 있는가 하는 것이 19세기 화학계의 최대 어려운 문제 중 하나였다. 40년 뒤인 1865년에 이르러 독일의 케쿨레[6]가 유명한 육각형의 구조식(이른바 거북등무늬)을 제안했다. 독일의 화학회지에 케쿨레는 다음과 같은 에피소드를 적었다.

『그 당시 나는 책상 앞에 앉아 교과서를 집필하고 있었다. 그런데 아무리 해도 일이 진행되지 않았고 기분이 좋은 상태가 아니었다. 그래서

---

6 **케쿨레**(August voon Kekulé, 1829~1896) 케쿨레는 다름슈타트에서 태어나 하이델베르크, 켄트, 본 대학의 화학 교수를 역임했다. 탄소가 4가라는 것, 탄소가 서로 결합하여 사슬 모양의 탄소골격을 만드는 것 등을 밝힌 것도 케쿨레였다. 그러나 무엇보다도 케쿨레의 명성을 불후의 것으로 드높인 것은 거북등 모양의 벤젠 구조의 제안이었다. 1965년 벤젠핵을 그린 100년 기념 우표가 발행되었고, 본 대학 구내에는 그의 동상이 있다.

의자를 난로를 향해 놓고 앉아 있는 사이에 잠깐 졸았던 것 같다. 눈앞에 원자가 반짝인다. 그다음에는 그다지 크지 않은 원자단이 조심스럽게 대기하고 있었다. 비슷한 광경이 되풀이해서 나타나는가 하면 그러는 동안 여러 가지 모양을 명확히 볼 수 있게 되었다.

긴 열이 몇 개씩 연결되어 모두 움직이고 있다. 뱀처럼 빙빙 돌고 있다. 그런데 묘한 것은 뱀 중에 자신의 꼬리를 문 것이 한 마리 있는 것이 아닌가. 더욱이 나를 비웃는 것처럼 나의 눈앞에서 빙빙 돌고 있다. 깜짝 놀라 나는 눈을 떴고, 그날 밤을 새우면서 이 가설을 매듭지었다.』

케쿨레가 제창한 벤젠 구조는 드디어 옳다고 인정받았다. 오늘날에는 그 이중결합과 단일결합이 교대로 있는 것이 아니고 탄소-탄소 사이의 결합거리가 모두 같다는 것이 밝혀져 있다.

에틸렌의 항에서 설명한 바와 같이 탄소의 sp^2혼성궤도 3개 중 1개가 수소의 s궤도와(C-H), 다른 2개는 좌우 1개씩의 다른 탄소의 sp^2궤도와 (C-C-C) 각각 중첩되어 모두 3개의 σ결합을 만들어 6개의 탄소와 6개의 수소는 동일 평면상에 위치하여(육각형) 이 평면과 직각을 이루어 상하로 퍼지고, 나머지 탄소 $2p_z$궤도가 중첩되어 π결합을 만들고 있다. 따라서 π 전자계가 6개의 탄소 전체에 퍼져 있다는 의미로 오늘날에는 흔히 벤젠의 구조는 다음 그림과 같이 나타낸다(대부분 수소를 생략한다).

벤젠은 지방족탄화수소에 대항하는 방향족탄화수소라는 대가족의 장남이고, 뒤에 설명할 염료의 화학(p.146~147)을 비롯하여 석유화학(p.83의 그림)에 있어서 중요한 물질이다.

다이아몬드

탄화수소에 관해서는 충분히 설명했으므로 여기에서는 다이아몬드로 이야기를 옮겨 보기로 하자. 다이아몬드는 천연에서 산출되는 순수한 탄소이다. 천연산의 순수한 탄소에는 그밖에 석묵(흑연, 그래파이트라고도 한다)이 있으나 여성의 마음을 매혹하는 다이아몬드와 새까만 흑연이 같은

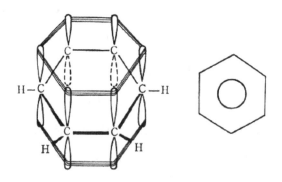

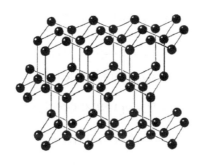

다이아몬드

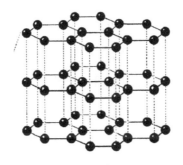

그래파이트 (석묵, 흑연)

성분이라는 사실은 약간 믿기 어렵다. 그러나 이것은 결정구조의 차이에 의한 것으로서 공기를 차단해서 다이아몬드를 1,500℃로 가열하고, 서서히 냉각시키면 흑연으로 변한다. 흑연을 다이아몬드로 바꾸는 것도 가능하지만 7만 기압이라는 높은 압력이 필요하다.

다이아몬드와 흑연의 결정구조는 어떻게 다른가. 사실을 말하자면 이두 가지는 모두 탄소원자의 집합체가 아니라 무수한 탄소원자가 규칙적으로 결합된 거대분자이다. 다이아몬드의 탄소는 메탄의 경우와 마찬가지로 sp^3혼성궤도 4개를 갖고, 4개 모두가 다른 4개의 탄소의 sp^3궤도와 σ결합을 형성한다. 따라서 정사면체의 중심에나 4개의 모서리에도 탄소원자가 있다. 이것이 다이아몬드의 단위격자이다. 이 정사면체 구조의 단위격자의 탄소가 모두 4개의 탄소와 결합하고 무수한 단위격자가 모여서 이루어진 모양의 결합을 형성한다. 따라서 탄소화합물로서 이 이상 더 치밀한 결정구조는 없고 격자점에 있는 탄소는 모두 σ결합을 하므로 외력을 가해도 엇갈리기 어렵다. 다이아몬드가 견고하다는 그 비밀이 바로 이런 점에 있다 해도 무방할 것이다.

흑연의 탄소는 벤젠의 경우와 마찬가지로 sp^2궤도 3개를 가지고, 어느 것이나 다른 3개의 탄소의 sp^2궤도와 벤젠형에 동일평면상에서 σ결합을 형성한다.

흑연이 층상으로 부스러지기 쉬운 것은 이러한 이유에서이다. 더욱이 남아 있는 $2p_z$궤도는 벤젠의 경우와 마찬가지로 π결합을 만든다. 다만, 무수한 탄소가 만드는 무수한 육각형의 결합체 전체 위에 π결합이 이루어지기 때문에 π결합을 만드는 전자는 본래 소속되어 있던 벤젠형 단위구조에 얽매이지 않고 마치 금속결합의 자유전자처럼 행동한다. 흑연이 전도성이나 금속광택을 지니는 것은 이러한 이유에서이다. 또한 그을음도 순수한 탄소이다. 그을음은 결정이 아니고, 무정형구조로 되어 있다. 그러나 같은 탄소이면서 다이아몬드와 흑연과 그을음은 이와 같이 전혀 다른 것이다. 자연의 오묘함이라고밖에 달리 말할 수 없을 것이다.

석유와 합성세제

처음으로 비누가 등장

비누의 역사는 오래다. 오늘날 비누공장의 설비나 기술, 생산량도 옛날과 비교할 수 없을 정도이지만 그 제조법의 원리는 예나 지금이나 변하지 않았다. 지방을 알칼리로 끓여서 이때 생기는 고형분을 분리하면 되는 것이다. 화학적으로 말하면 비누란 지방산의 염류인 것이다. 흔히 비누의 지방산 부분은 탄소원자 15~17개가 결합한 긴 사슬 모양 탄화수소의 말단에 카르복시기(-COOH)가 연결된 것(C-C-C········C-COOH)이 골격을 이룬다. 카르복시기는 수소를 방출해서 음이온이 되려는 성질이 있으며(-COOH→COO⁻+H⁺) 비누의 경우에는 이 음이온이 나트륨이온과 결합하여(-COONa) 물에 녹으면 이온으로 해리된다(-COONa→COO⁻+Na⁺). 세탁작용을 하는 것은 카르복시이온 쪽으로서 나트륨이온과는 전혀 관계가 없다.

비누 액을 물에 흘리면 곧 수면에 퍼진다. 빨대에 묻혀서 불면 비눗방울이 날아간다. 여러분도 어린 시절에 이러한 장난을 한 기억이 있을 것이다. 비누에는 때를 떼어내는 성질이 있다. 금속의 표면이나 기름이 묻은 그릇, 물을 안 받는 곳 등에도 비눗물을 묻히면 잦아들어 기름 등이 깨

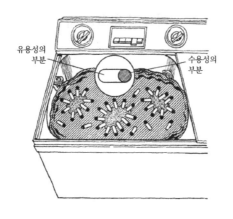

유용성의
부분

수용성의
부분

때는 왜 떨어질까?

끗이 닦이는 것을 잘 알고 있을 것이다.

　이와 같은 비누의 성질은 실제로 비누분자의 모양과 깊은 관련이 있다. 비누분자를 물건에 비유하면 성냥개비와 같은 모양이다.

　성냥개비의 축에 해당하는 것이 유용성(소수성)의 탄소사슬(탄화수소) 부분, 머리에 해당하는 것이 수용성(친수성)의 카르복시이온의 부분이다. 물속에서는 많은 비누분자가 물에 풀리지 않는 유용성의 부분을 안쪽에, 수용성 부분을 바깥쪽으로 해서 밤송이와 같은 모양으로 모이게 된다. 비누 액이 진하면 이러한 비누분자의 집합체도 매우 크게 되어 빛을 산란하게 된다. 화학에서는 이러한 정도의 크기를 가진 분자집합체를 콜로이드[7]

7　역자주: 콜로이드란 지름이 10^{-7}~10^{-5}cm($1m\mu$~0.1μ)가 되는 크기를 말하며 이러한 크기의 입자가 액체 속에 분산되어 있는 용액을 콜로이드용액이라 한다. 이것보다 작은 입자, 즉 소금이나 설탕 같은 이온 또는

라 한다.

물의 표면에서는 수용성의 머리 부분이 아래를 향해 나란히 있고, 반대로 유용성의 축 부분이 위를 향해서 물의 표면에 뜨게 된다(대부분의 기름은 물보다 가볍다). 이처럼 비누막이 물의 표면을 덮으므로 비누가 있으면 물의 표면장력이 감소된다.

금속의 표면에서 물이 방울이 되는 것은 물의 표면장력이 커서 될 수 있는 대로 표면적을 작게 하려고 하기 때문인데, 비눗물이면 물의 표면장력이 작아지고 따라서 금속의 표면 전체에 퍼지게 되어 전면이 젖게 되는 것이다. 비눗물에 빨래를 담그면 이와 같이 표면이 젖어서 비눗물에 녹아 있는 많은 비누분자의 유용성 부분(축)이 지방성의 때를 둘러싸서 수용성 부분(머리)을 바깥쪽으로 한 미립자의 모양으로 물속에 녹아 들어간다.

이 미립자는 진한 비눗물의 경우와 마찬가지로 빛을 산란시킬 수 있는 정도의 크기, 즉 콜로이드의 크기를 이루고 있다. 이처럼 콜로이드입자를 포함한 용액을 유탁액(에멀션) 또는 현탁액(서스펜션)이라고 한다.[8] 우유는 물에 지방 그 밖의 물질이 콜로이드입자가 되어 존재하는 유탁액이다. 이야기가 옆으로 샜지만 이와 같이 하여 때가 떨어진다. 그런데 비누는 지

작은 분자가 녹아 있는 용액을 진용액이라 한다. 즉 이 두 용액의 차이는 용질입자의 크기에 따라 구별된다. 콜로이드는 물질의 존재 상태의 일종이므로 기체, 액체, 고체 등이 섞여서 여러 가지 콜로이드 분자계가 된다.

8   역자주: 일반적으로 콜로이드입자보다 더 큰 입자가 분산되어 있을 때, 즉 흙탕물과 같이 고체가 분산되어 있는 경우를 서스펜션이라 하고 우유와 같이 액체가 분산되어 있는 경우를 에멀션이라 한다. 에멀션작용을 나타내는 물질은 분자 중에 친수성기과 친유성기를 함께 가져야 하는데 비누분자도 분자 속에 이러한 두 가지 기를 가지고 있다.

방분에는 쓸모가 있으나 단백질에는 쓸모가 없다. 따라서 단백질을 함유한 핏자국 등은 비누로는 씻어도 잘 빠지지 않는다.

합성세제와 환경파괴

비누는 약산인 지방산과 센 알칼리인 수산화나트륨과의 염이므로 약알칼리성을 띤다.

따라서 양털과 같은 알칼리에 민감한 섬유의 세탁에는 비누가 적합하지 않다. 그래서 등장한 것이 중성의 합성세제이다. 물의 표면장력을 바꾸는 비누나 합성세제를 계면활성제라 한다. 이러한 합성세제는 약산인 지방산의 카르복시기의 수소를 센 산인 술폰산기나 벤젠술폰산기 등과 치환시킨 것이 대부분이다. 따라서 비누를 사용할 수 없는 경수[9]나 양털의 세탁에도 사용된다.

그런데 합성세제가 빨래에 쓰이게 되면서 1950년대에 독일 각 지방의 하천에 이변이 일어나기 시작했다. 하천에 거품이 생기고 이 거품이

9　역자주: **단물인 연수(軟水)와 센물인 경수(硬水)** 물속에 Ca^{2+} 또는 Mg^{2+}을 비교적 많이 함유한 물을 센물이라 하며 이러한 이온이 비교적 적게 함유된 물을 단물이라 한다.

　　센물에는 Ca^{2+} 또는 Mg^{2+}가 많이 함유되어서 비누를 풀었을 때 흐려지며 거품이 잘 일어나지 않는다. 센물은 보일러용수, 표백, 염색 등 공업용수로 적당하지 않으므로 단물로 바꾸어 사용하는데, 센물을 단물로 바꾸는 데는 끓이거나, 탄산나트륨을 가하거나, 이온교환수지를 통하거나 한다. 또한 이 센물에는 탄산수소마그네슘[$Mg(HCO_3)_2$]이나 탄산수소칼슘[$Ca(HCO_3)_2$] 등이 포함되어 있어서 가열만 하면 단물로 변하는 일시센물과 황산마그네슘($MgSO_4$)이나 황산칼슘($CaSO_4$)과 같은 황산염 또는 염화마그네슘($MgCl_2$)이나 염화칼슘($CaCl_2$)과 같은 염화물이 포함되어 있어서 가열만 해서는 단물로 변하지 않는 영구센물이 있다.

계속 없어지지 않았던 것이다. 이에 따라 물이 더러워지고 고기가 죽어가는 것이 눈에 띄었다.

세탁기가 보급되면서 세제의 사용량이 증가한 것도 하나의 원인이 되겠으나 그보다도 세제의 화학구조 그 자체가 원인이라는 것이 조사결과 밝혀졌다.

하천의 물속에는 여러 가지 미생물이 있어서 유기물을 먹으면서 살고 있다. 즉 하천에는 자연의 정화작용이 있다. 그런데 이상한 것은 이러한 종류의 미생물은 곧은 사슬 모양의 지방산이나 곧은 사슬 모양의 탄화수소 등 곧은 사슬 모양의 탄소골격을 가진 유기물을 먹지만, 가지가 달린 탄소골격을 가진 유기물은 먹지 않는다는 것이다. 옛날부터 사용해 왔던 비누의 지방산성분은 곧은 사슬 모양이었으므로 문제되지 않았으나 당시의 합성세제는 거의 대부분이 석유의 크래킹으로 얻는 올레핀류에서 합성된 가지 달린 탄화수소골격을 지닌 알킬벤젠술폰산(ABS)계였으므로 미생물이 정화하지 못해 그 농도는 점점 진해져서 하류에서는 거품이 생길 정도였다. 1962년, 독일에서는 사태를 중시하고 가지 달린 탄소골격을 가진 세제의 제조를 법률로 금지했으며 다른 나라들도 이에 따랐다.

오늘날에는 곧은 사슬 모양의 세제도 합성되기에 이르렀으나 옛날부터의 세탁비누의 장점도 무시할 수 없다.

세제의 판매 경쟁이 격렬해지면서 빨랫감이 새하얗게 되는 것이 세제의 우수성을 말해주는 것처럼 되었는데, 사실 여기에는 계략이 있다. 그것은 바로 형광염료의 역할이다. 형광염료에는 눈에 보이지 않는 자외선을 흡수해서 눈에 보이는 푸른색 계통의 빛으로 바꾸는 성질이 있다. 이것이 빨랫감의 노란색을 띤 색과 겹치면 우리의 눈에는 새하얗게 보이게 된다. 또한 단백질계의 때를 지우기 쉽게 할 목적으로 효소를 넣은 제품도 있으나 알레르기성의 피부염을 일으키므로 많은 나라에서 금지한다.

4장 ──

고분자의 시대

미국 일리노이주 스쿠니에 사는 캅 씨(47세)는 지병인 심장병으로 텍사스주 휴스턴의 성로가병원에 입원했다. 1969년 4월 4일의 일이었다. 담당 의사 진은 캅 씨의 왼쪽 심실(心室)이 활동을 정지하는 것도 시간문제라 거의 체념했다. 캅 씨를 구하는 길은 오직 하나, 심장이식밖에 없다. 그러나 심장 제공자를 찾아낼 수 없었다. 시간은 점점 흘러갔다. 의사인 쿠리 박사와 리오트 박사는 인공심장을 집어넣고 심장 제공자가 나타나는 것을 기다리기로 했다. 이 인공심장은 그 주체가 에폭시 수지이고, 판이나 그 밖의 것이 실리콘 고무제로서 리오트 박사가 드베커 박사 및 홀 박사와 협동해서 개발한 무게 250g의 합성고분자제의 인공장기였다. 수술은 성공했다. 캅 씨의 심장 자리에 인공심장이 장치되었다. 캅 씨의 생명은 우선 하루, 그리고 또 하루, 인공심장으로 연장되었다가 드디어 심장 제공자가 나타나서 인공심장과 교환하는 수술을 받았다. 캅 씨는 결국 인공심장으로 64시간 생명의 불꽃을 계속 태울 수 있었고 심장이식 후 38시간 만에 사망했다.

캅 씨의 수술은 인공심장이식이 성공한 획기적인 예이다. 인공심장의 개발연구는 세계에서 활발하게 진행되고 있다. 이 인공심장의 주요 부분에는 플라스틱이나 합성수지 등이 쓰인다. 이 인공심장의 경우는 합성고분자 재료의 중요성을 나타내는 극적인 예이지만 고분자화학공업은 선진공업국의 기초를 이루는 것이다. 한 나라의 경제도 고분자화학공업을 제외하고는 생각할 수 없다.

일상생활을 할 때 우리 주위에는 합성고분자제품이 많다. 주름이 잡히지 않아 다리미가 필요 없는 양복, 와이셔츠, 바지에 스타킹, 폴리대야, 세면기에 칫솔, 상과 타일이나 합성섬유의 카펫, 주방에는 테이블이나 전기제품의 화장대, 눈에 잘 띄지 않는 텔레비전이나 라디오, 스테레오 등 전기제품의 절연재료, 자동차의 도료, 내장재에서 타이어에 이르기까지, 이른바 새로운 건축자재, 단열재의 우레탄홈, 고분자재료 그 자체라고 느끼게 되는 프레하브 주택, 슈퍼마켓에 가면 포장이나 그릇, 그리고… 그밖에 부지기수다.

이와 같이 플라스틱, 합성수지, 합성섬유 등의 합성고분자재료가 우리들의 일상생활을 풍부하게 하는 것은 사용 후의 처리에 문제가 있다 할지라도 의문의 여지가 없는 사실이다. 그래서 현대인의 상식으로 합성고분자에 관한 기초지식을 소개하고자 한다.

레인코트와 고분자

천연고무

레인코트와 고분자는 전혀 관계가 없는 것 같지만 이것을 고무와 연관시키면 모두가 같은 계열에 속한다. 천연고분자화합물인 고무를 처음으로 유럽에 소개한 사람은 콜럼버스(Christopher Columbus, 1451~1506)였다. 그는 서인도 제도에서 작은 고무공을 갖고 되돌아왔다고 한다. 당시에는 고무에 대한 관심도 적었고 그저 진귀한 것에 지나지 않았다. 학술적으로는 1735년에 이르러 프랑스의 콘다뮤가 프랑스학사원에서 고무에 관한 강연을 했다는 기록이 남아 있다.

아마존지방의 원주민이 고무나무의 수액(樹液)으로 의류를 방수 가공한 일, 고무화를 신고 있는 일 등을 보고해서 주목을 끌었다고 한다. 이와 관련해서 원주민들은 고무나무의 수액에서 만드는 고무호상(糊狀)의 라텍스를 카우-우추(Kau-utschu)라고 하는데 이것이 프랑스어의 Caoutchouc, 독일어의 Kautschuk의 어원인 것 같다.

1823년 유럽에서 처음으로 고무의 용도가 개척되었다. 영국의 매킨토시(1766~1843)가 방수 레인코트를 만들어서 특허를 얻었던 것이다. 그는 생고무를 석유에 녹여서 두 장의 헝겊 사이에 흘려보내 방수 천을 만들어 레인코트를 만들었다. 오늘날의 레인코트라기보다는 반우의 모양이었으나 오늘날에도 레인코트에 매킨토시 스타일이라는 것이 있는 것 같으니 역시 레인코트였을 것이다.

고무가 대량 소비되기에 이른 것은 무엇보다도 1839년에 미국의 굿이어(Charles Goodyear, 1800~1860)가 고무의 가황법을 발명하고 나서부터의 일이다. 천연고무에는 고무를 입힌 헝겊을 포함해서 여름철에는 연화되어 모양이 부서지고, 겨울철에는 경화되어 굽히면 끊어져 버리는 결점이 있었다. 굿이어가 이것을 개량하여 계절이나 기온에 영향을 받지 않는 고무 제품을 만들려고 했다. 연구를 시작해서 약 10년 뒤인 1839년 1월의 어느 날 그는 고무의 라텍스에 황을 섞어서 가열했다. 이때 얻은 덩어리는 온도를 높게 올려도 끈적거리지도 않고, 냉각시켜도 약화되지도 않고 여전히 신축성이 있다는 것을 알게 되었다. 더욱이 생고무를 녹이는 유기용매에도 녹지 않았다. 굿이어의 발명은 화학사의 한 페이지를 장식하는 획기적인 것으로서 잠깐 사이에 유럽 전역에 보급되었다. 고무공업이 탄생한 것이다. 고무공업은 19세기 말에서 20세기 초엽에 걸쳐 자동차산업의 대두와 함께 하나의 큰 산업으로 발전했다.

고무의 화학구조

이렇게 천연고무는 대량으로 쓰이게 되었으나, 화학적으로 고무의 성분이 무엇이며 고무의 분자가 어떤 구조를 지니는가는 밝혀지지 않은 채였다. 이러한 문제에 처음으로 해답을 준 것은 영국의 티르텐이었다. 티르텐은 1882년에서 1907년 사이에 천연고무를 열분해하면 이중결합 2개를 가진 불포화탄화수소인 아이소프렌(C_5H_8, CH_2=C(CH_3)-CH=CH_2)이 생성되는 것, 아이소프렌을 중합시키면 반대로 고무와 비슷한 물질로 되돌아가는 것 등을 밝혔다. 그는 고무의 분자가 수백 개의 아이소프렌 단위로 되어 있을 것이라 추정하고, 아이소프렌에서 직접 고무를 합성하려고 시도해 점도가 큰 라텍스상의 물질을 얻었지만 고무 제품으로 사용할 수 있을 정도는 아니었다. 그는 고무의 합성에는 비관적이었고, 장래에도 고무 공업은 그 자원을 고무 재배에 의존할 수밖에 없다고 생각했던 것 같다.

그러나 군관계자들은 기계화의 물결이 군의 장비에도 밀어닥침에 따라 타이어의 원료인 고무의 공급을 거리가 먼 외국의 고무나무 단지에 의존하는 사태에 불안을 느끼기 시작했다. 자력으로 고무원료를 확보하려는 움직임이 독일이나 러시아에서 일어나게 되었다. 즉 화학회사나 연구기관이 합성고무의 연구개발에 착수한 것이다.

1910년 러시아의 레베데프는 아이소프렌과 구조가 비슷한 부타디엔(C_4H_6, CH_2=CH-CH=CH_2)으로부터 천연고무와 매우 비슷한 부타디엔고무의 합성에 성공했다. 1912년 독일의 BASF사도 부타디엔유도체를 중합하여 합성고무를 제조하는 방법의 특허를 출원했다. 1913년에는 획스트사가 초산비닐을 태양광선으로 중합시켜 도료, 접착제의 새로운 원료를 합성했다.

제1차 세계대전 중에 바이엘사에서는 디메틸 부타디엔으로부터 메틸

고무 수천 톤을 제조하여 군용으로 사용했다.

1920년경에 이르러 비교적 작은 분자를 중합하여 우수한 성질을 가진 유기재료를 얻는 연구논문의 편수가 증가했다. 그러나 중합이라는 말은 사용해도 중합이 도대체 어떤 반응인가, 중합할 때 원료의 분자는 어떤 변화를 일으키는지 등의 본질적인 문제는 여전히 수수께끼로 남아 있었다.

슈타우딩거의 고분자설

이 문제에 해답을 준 사람은 뒤에 노벨화학상을 받은 독일의 유기화학자 슈타우딩거[1]였다. 1920년 슈타우딩거 교수는 독일 화학회지에 역사적인 논문을 발표하여 이른바 고분자설을 제창했다. 그는 수만 개의 원자가 공유결합해서 이루어진 분자량이 매우 큰 분자, 즉 거대분자의 존재를 주장하고 이러한 거대분자는 작은 분자의 중합에 의해서 합성된다고 했다. 바꾸어 말하면 고무 등은 천연의 거대분자이고, 작은 분자가 반응해서 거대분자를 만드는 것이 중합이라고 설명했다. 슈타우딩거는 이 거대분자에 크고 많다는 것을 의미하는 매크로라는 관사를 붙여서 매크로몰리큘(Macromolecule, 고분자)이라는 이름을 붙여 거대분자를 다루는 화학

---

1 **슈타우딩거(Hermann Staudinger, 1881~1965):** 슈타우딩거는 고분자화학의 창시자로서 수천, 수만의 원자가 공유결합한 분자량이 매우 큰 거대분자(고분자)의 존재를 실증한 거인이다. 그는 여러 가지 고분자의 합성법을 발견함과 동시에 저분자화합물인 모노머(단량체)가 공유결합해서 거대분자인 폴리머(중합체)를 만드는 반응이 중합인 것을 밝혔다. 더욱이 그는 폴리머가 나타내는 전형적인 성질은 분자의 크기가 매우 크다는 데 기초한다는 것을 증명했다. 1953년 이러한 기초적인 연구업적에 대해 노벨화학상이 수여되었다.

을 고분자화학이라 했다. 또한 중합의 출발
원료인 작은 분자를 모노머(Monomer, 단량
체), 생성물인 고분자화합물을 다(多)와 복
(複)을 의미하는 희랍어에서 비롯한 폴리머
(Polymer, 중합체)라고 불렀다.

슈타우딩거

그러나 슈타우딩거의 학설은 당시의 학
계에서 즉시 받아들여지지 않았다. 당시 고
무는 아이소프렌의 고리모양이량체가 분
자간 인력으로 회합하고 있다는 것이 정설
이었고 그렇게 커다란 분자는 매우 불안정해서 만약 생성되었다 하더라도
곧 분해해서 작은 분자가 될 것이라고 생각했다. 따라서 보통의 유기화학
적 방법으로 고무류와 비슷한 성질을 지니고 매우 길면서 분자량이 매우
큰 분자가 합성될 것이라고 슈타우딩거가 소리 높여 주장한 것을 믿는 사
람은 거의 없었다. 슈타우딩거설은 실로 가설이라고 따돌림을 받다 그는
고립되었다. 그러나 그는 공동연구자부터 대학원생까지 총동원하여 정력
적으로 연구를 계속해서 한 걸음 한 걸음 고분자량의 폴리머를 합성함과
동시에 고분자화합물의 성질을 조사하는 방법도 고안하여 연구 성과를
계속 발표했다. 이러는 사이 드디어 천연고무의 전형적인 성질은 분자가
매우 큰 데서 비롯되는 것으로서 특수한 결합형식과 분자 사이의 상호작
용에 의한 것이 아니라는 것을 실증하게 되었다. 결국 1920년대의 마지막
에는 슈타우딩거가 주장한 거대분자의 존재를 의심하는 사람은 없었다.

고무와 굿더베르카

천연고무의 화학구조는 슈타우딩거의 연구나 베를린 대학의 하리에스(1866~1923)의 연구에 의해서 밝혀졌다. 고무나무 등 식물 내부에서 생합성된 아이소프렌(C_5H_8, $CH_2=C(CH_3)-CH=CH_2$)이 생체 내의 촉매, 즉 효소의 작용으로 중합하여 아이소프렌의 폴리머(폴리아이소프렌), 즉 천연고무가 되는 것인데 중합할 때 아이소프렌에 있는 2개의 이중결합 중 1개가 없어지면서 이러한 것이 되풀이되어 단위(기본구성 단위라고도 한다)의 가운데로 옮긴다($\cdots CH_2-C(CH_3)=CH-CH_2\cdots$).

이중결합에는 π결합이 있으므로 탄소-탄소의 결합축($C=C$)을 축으로 하여 회전할 수 없으므로($C-C$단결합은 회전이 가능하다) 이중결합($C=C$)을 사이에 두고 2개의 메틸렌기(CH_2)의 위치는 시스-트랜스의 두 가지 형태를 가질 가능성이 있다. 천연고무는 시스형이므로 화학 용어로는 시스-폴리머이다. 정확하게는 아이소프렌이 되풀이되는 단위는 첫 번째의 탄소와 네 번째의 탄소가 있는 부위에서 이웃의 아이소프렌 단위와 공유결합을 이루므로 시스·1,4·폴리아이소프렌이라 한다. 트랜스형도 천연에 존재하는데, 예컨대 굿더베르카(트랜스·1,4·폴리아이소프렌)는 전기절연재 등에 쓰

시스체

트랜스체

인다. 그런데 이상한 것은 시스형인 천연고무에는 탄성이 있는데, 트랜스형인 굿더베르카에는 탄성이 전혀 없다.

고분자화학공업의 태두, 게르만기질과 양키기질

슈타우딩거의 업적은 학문적으로 정당하게 평가를 받기까지 비교적 시간이 걸렸다. 그의 노벨상 수상은 1953년이었다. 이에 대해 산업계의 대응은 빨라서 그의 연구의 가치를 일찍이 인정하여 대량생산으로 연결하는 태세를 갖추었다.

독일에서는 당시 세계 최대급의 화학 콘체른이었던 IG염료회사가 1927년 20명 이상의 박사들을 참여시킨 연구팀을 구성하여 정력적으로 슈타우딩거설에 바탕을 둔 고분자화학 연구를 추진시켜 1929년에는 폴리스티렌의 대량생산에 들어갔다. 폴리스티렌은 단단하고 투명한 폴리머로 오늘날에도 포장재료나 절연재료에 쓰인다. 이렇게 점차 합성수지라든지 플라스틱이라는 말도 보편적으로 쓰이게 되었다.

1928년 미국에서도 세계 일류의 화학회사인 듀퐁사가 당시 32세의 젊은 화학자 캐러더스(Wallace Hume Carothers, 1896~1937)를 리더로 한 연구팀을 구성하여 조직적인 고분자합성연구를 추진해서 1934년에 이르러 세계 최초의 합성섬유 나일론의 합성에 성공했다.

1937년에 특허가 성립되고 제2차 세계대전 중에 공업화되었다. 독일에 나일론을 선보인 것은 제2차 세계대전 후의 혼란기 때로 나일론은 부인들의 선망의 대상이었다.

여기에서 잠깐 독일과 미국의 고분자화학공업의 방향을 비교해보면 미국에서는 구두창이나 의료품 등의 소비 물자를 생산하는 데 중점을 두었고, 독일에서는 재료, 즉 생산재, 특히 천연고무를 대신하는 합성고무의 대량생산을 목표로 했다는 점은 두 나라 국민의 성격을 나타내는 것으로서 흥미 있는 일이다.

히틀러에게 전쟁을 결심하게 한 합성고무 부나

1935년 독일은 합성고무, 부나S(Buna-S)의 대량생산에 성공했다. 부나S는 그 이름이 나타내는 바와 같이 부타디엔(Butadiene, $CH_2=CH-CH=CH_2$)을 나트륨(Na)을 개시제(開始劑)로 하여 스티렌(styrol, $C_6H_5CH=CH_2$)과 함께 중합시킨 합성고무이다. 이것으로 독일은 전쟁 시에도 천연고무의 수입에 의존할 필요가 없이 군용차나 군용기의 타이어를 완전하게 자국에서 생산할 태세를 갖추게 되었다. 히틀러의 침략정책의 중요한 전제조건이 이런 데서도 또 하나 마련된 것이다.

이리하여 히틀러는 전쟁을 결심하게 되었다. 1939년 독일이 제2차 세계대전에 돌입했을 때의 생산량은 연산 2만 톤, 1943년에는 연산 10만 톤 이상으로 급상승했다. 이것은 고무나무 4천만 그루가 1년간 생산하는 천연고무와 맞먹는 양이었다.

한편 미국은 고분자화학공업을 소비재 생산에 집중시킨 경향이 있었는데 합성고무 분야에 소홀했던 점을 뉘우치는 사태가 일어났다. 1941년 진주만 공격으로 시작되는 제2차 세계대전에서 말레이시아, 인도네시아 등의 천연고무공급원이 차단되었던 것이다. 당시 미국에서는 1년분에 해당되는 천연고무만 비축했다. 만약 합성고무의 대량생산에 실패하면 미국은 불리함을 벗어날 수 없었다. 미국은 합성고무 대량생산에 전력을 다해서 드디어 대량생산에 성공했다. 미국 정부는 국책회사를 설립하고 우수한 연구진과 막대한 자금을 투입하여 문자 그대로 나라의 총력을 기울여서 이 문제의 해결에 임했다. 1942년에는 연산 2만 톤의 합성고무공장이 조업을 시작했고, 1943년에는 50개 이상의 공장이 건설되어 연산 20만 톤을 능가했다. 미국의 합성고무는 연방정부(Government)가 만든 고무(Rubber)이므로 부타디엔-스티렌(Styrene)계의 것은 GR-S라 불렀다.

미국은 이 합성고무 제조계획에 당시의 돈으로 10억 달러라는 거액을 투자해 일시에 독일과 쌍벽을 이룬 합성고무의 생산국으로 부상했다. 그러나 종전 후 미국은 팽대한 합성고무의 판로에 고심해서 1954년까지 10년간 독일의 합성고무의 생산을 금지시킨 것은 이러한 이유 때문이라고 일컬어진다. 그러나 독일은 현재 미국, 일본에 이어 세계에서 세 번째의 합성고무 생산국이다.

폴리에틸렌

많은 작은 모노머분자가 화학적으로 결합, 즉 중합해서 분자량이 큰 폴리머가 생성되는 것인데, 모든 분자가 중합하는 것은 아니다. 중합 능력이 있는 분자에는 화학구조상의 공통점이 있다. 예컨대 에틸렌과 같이 탄소-탄소 이중결합(C=C)을 가진 불포화탄화수소, 즉 올레핀류에는 중합하는 것이 많다.

따라서 에틸렌($H_2C=CH_2$)을 예로 들어 중합반응을 설명하고자 한다. 올레핀류에는 본래 수소나 할로겐화수소 등과 부가반응해서 이중결합(C=C)이 단결합(C-C)이 되려는 성질이 있다. 고온고압에서 미량의 산소가 존재하면 에틸렌의 이중결합이 열려서 반응성이 풍부한 라디칼이 되고, 이것이 서로 결합해서 탄소-탄소의 단결합을 가진 긴 사슬 모양의 폴리에틸렌을 얻는다($nH_2C=CH_2 \rightarrow \cdots(-H_2C-CH_2)_n$). 이것을 민속 모양의 윤무(輪舞)와 비유하면 쉽게 이해가 될 것이다. 우선 많은 무용수(에틸렌의 탄소)가 두 사람씩 짝이 되어 서로 마주 보고 두 손을 잡고(이중결합) 춤을 춘다. 다음에 한쪽 손만 떼고 좌우로 나란히 서서 뗀 손으로 옆의 짝과 손잡고 고리를 만들어 춤을 춘다. 그렇게 차례차례로 새로운 짝이 가세해서 고리가 넓어지고 사슬이 길어진다. 중합반응의 사슬의 성장 방법도 이러한 윤무와 매우 비슷하다.

이렇게 생성되는 폴리에틸렌은 플라스틱 중에서도 생산량이 많은 쪽에 속하며, 가볍고 내후성(耐候性)이나 내약품성(耐藥品性)이 뛰어나다는 점, 값이 알맞다는 점, 그리고 가공하기 쉽다는 점 등으로 주방용품, 맥주병의 상자, 장난감, 포장재료, 화장품병 등에 쓰인다. 폴리에틸렌은 화학적으로는 파라핀유와 그 성분이 같으므로 사용한 후의 폴리에틸렌 제품은 잘 타고 찌꺼기가 남지 않으므로 폐기물 처리 면에서도 좋다.

라디칼의 개시제

공업적으로 고온고압이라는 반응조건은 경제적으로나 안전관리상으로도 별로 바람직하다고 할 수 없다. 그래서 고안된 것이 라디칼 개시제를 사용하는 중합반응이다. 기껏해야 60도 정도에서 더 가압하지 않고 상압에서 라디칼을 생성하는 물질을 매우 미량 모노머에 가해서 중합을 개시한다. 라디칼(유리기, 遊離基)이라는 것은 탄소에 관해서 말하면 탄소원자의 맨 바깥 전자껍질의 4개의 전자 중 3개는 결합에 쓰이고 나머지 1개만이 결합하지 않는 상태(들뜬 상태)에 있는 매우 불안정하여 반응하기 쉬운 화합물이다.

라디칼 개시제에 의한 에틸렌의 중합을 그림에 나타냈다. 개시제의 분해로 생성된 라디칼(개시라디칼)이 모노머에 부가되면 라디칼 위치는 모노머로 옮겨가서 본래의 라디칼보다 약간 긴 라디칼(성장라디칼)이 생성된다. 이 성장라디칼에 다음의 모노머가 부가되어서 다시 긴 라디칼이 되고, 이 새로운 라디칼에 다시 모노머가 부가되어서…라는 형태로 사슬이 연쇄반응으로 점점 길어져서 분자량이 큰 폴리머를 얻는다. 2개의 성장라디칼이 서로가 부가되어 단결합이 이루어진다는 것 등, 성장라디칼이 파괴되기까지 성장반응이 계속되는 것이다. 생성된 폴리머의 성질 중에서 상당한 부분이 분자량에 의해서 결정되므로 분자량의 조절은 매우 중요하다. 따라서 라디칼 개시제의 양을 바꾸거나 성장라디칼을 파괴하는 물질을 가하거나 해서 폴리머사슬의 길이, 즉 분자량을 조절한다.

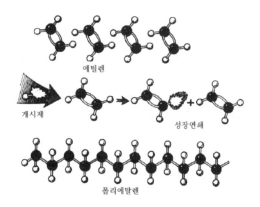

에틸렌

개시제

성장연쇄

폴리에틸렌

에틸렌의 중합. 흩어져 있는 에틸렌분자가 개시제에 의해서 차례차례 연결되어 폴리에틸렌이 생성된다

고압폴리에틸렌의 예로, 에틸렌 단위 75개 정도의 폴리에틸렌은 76° 부근에서 녹는 흰 왁스이지만 에틸렌 단위 1,300개 정도가 되면 녹는 온도도 112° 부근으로 상승하여 성질도 강인해서 굽히기 어렵다. 또 전기절연성도 향상하므로 포장재료나 화장수병의 재료, 전기절연재 등에 쓰인다.

폴리에스테르

선 모양 고분자를 만드는 데는 에틸렌과 같은 불포화탄화수소를 원료로 하지 않아도 축중합(축합중합) 반응을 이용하면 된다.

나일론, 페르론, 트레비라, 디올레인, 테트론 등의 폴리아미드나 폴리에스테르계의 합성섬유는 축중합 반응으로 만든다.

축중합의 이야기를 하기 전에 우선 전형적인 축합반응인 에스테르화 반응을 알아보기로 하자. 유기산과 알코올이 반응하면 1분자의 물이 떨어져 나가고 에스테르가 생성된다. 예컨대 초산과 에틸알코올에서 물이 떨어져 나가면 초산에틸이 생성된다. 이러한 반응을 축합이라 한다. 알코올과 산이 에스테르결합(-O-CO-)으로 결합한다.

에스테르류는 천연에도 다수 존재한다. 우리와 가까이에 있는 지방도 에스테르(지방산과 글리세린의 에스테르이다)이다.

축중합에 의해서 최초로 폴리에스테르를 합성한 사람은 캐러더스였다. 그는 분자의 양 끝에 카르복시기(-COOH)를 가진 2개의 유기산 (HOOC-X-COOH)과 분자의 양 끝에 알코올성수산기(-OH)를 가진 2개의 알코올(HO-Y-OH)을 축합시키면, 에스테르결합(-CO-O-)을 다리로 해서 긴 사슬 모양으로 결합한 선 모양의 고분자에스테르, 즉 폴리에스테르(⋯ 〔-OC-X-CO-〕-〔-O-Y-O〕⋯⋯)가 생성될 것이라고 생각했다. 따라서 그는 곧은 사슬 모양의 파라핀계(지방족) 포화탄화수소 골격을 지닌 2가의 카르복시산과 2가의 알코올을 골라 축합(축중합 또는 축합중합이라고 한다)해서 폴리에스테르를 합성했다. 그러나 캐러더스의 폴리에스테르는 섬유로서의 성질이 결핍되어 공업화되지는 못했다. 제2차 세계대전 직후가 되어 영국의 호인필드와 딕슨이 벤젠 골격을 함유한 화합물을 사용하면 생성되는 폴리에스테르의 성질이 향상되는 것이 아닌가라는 생각을 떠올려 벤젠고리에 2개의 카르복시기를 가진 테레프탈산(HOOC-C_6H_4-COOH)과 지방족 2가 알코올인 에틸렌글리콜(HO-CH_2CH_2-OH)을 축중합시켜 폴리

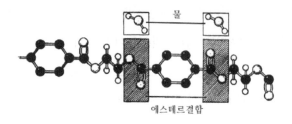

물

에스테르결합

중축합. 분자 간에서 물이 이탈하는 반응을 되풀이해서 거대한 분자가 된다

에스테르(폴리에틸렌 테레프탈레이트)를 합성했다.

　이 폴리에스테르는 예상했던 대로 우수한 합성섬유로서 구겨지지 않고, 빨래를 해도 쉽게 마르고, 염색성이 좋다는 점 등 뛰어난 성질을 지녔다. 제2차 세계대전 후에 영국의 거대한 화학회사 ICI사가 이 폴리에스테르를 공업화하여 테릴렌이라는 상품으로 시판했다. 1950년대에 서독(현 독일)의 훽스트사가 ICI사로부터 제조권을 얻어 토레비라는 이름으로, 같은 시기에 일본에서도 테트론이라는 이름으로 제조를 개시했다.

섬유와 필름

　폴리에스테르섬유를 제조하는 데 에틸렌글리콜과 테레프탈산을 섞어서 가열하면 좋다는 것은 아니다. 테레프탈산은 본래 에스테르화되기 어려운 화합물이다. 그러므로 공업적으로는 테레프탈산의 디메틸에스테르(DMT)와 에틸렌글리콜의 에스테르를 교환한다. 우선 DMT가 비스글리콜

에스테르가 되고 이것이 고온에서 촉매의 작용으로 다시 에스테르화되어 폴리에스테르가 되는데, 반응온도나 촉매 등은 기업의 기밀에 속한다. 이 반응은 높이 수십 미터의 반응탑에서 일으키며 이때 생성된 폴리에스테르는 용융상태 그대로 물속에 흘려 넣어 폭이 넓은 벨트 모양의 얇은 판으로 만들고 잡아당겨 고기를 자르는 기계와 비슷한 기계로 절단해서 작은 알갱이로 만든다. 이 알갱이 모양의 폴리에스테르는 곧 벨트 컨베이어에 실려 건조실로 옮겨 건조시키고 방사(紡絲)한다.

폴리에스테르섬유의 경우에는 용융방사로 1㎠당 250개 정도의 작은 구멍이 있는 노즐(샤워를 상상해보기 바란다)로부터 용융된 폴리에스테르를 밀어낸다. 노즐에서 나오면 곧 냉각되어 실이 되기 마련인데 이 실의 내부에서 폴리에스테르분자는 서로 휘감긴 상태에 있으므로 열을 가해서 길이의 방향으로, 즉 본래 길이의 4배 정도 잡아당긴다[연신(延伸)한다고 한다]. 그러면 폴리에스테르분자의 방향이 일정하여 섬유로서의 강도가 증대해서 끊기 어려운 실이 된다.

폴리에틸렌 테레프탈레이트는 그밖에 얇은 필름의 모양으로 녹음기나 비디오레코드의 테이프용으로 쓰인다. 필름의 경우에는 노즐 대신에 얇고 폭넓은 슬릿 사이에서 용융폴리에스테르를 밀어내서 필름 모양으로 한 다음 가열하면서 길이의 방향과 폭의 방향으로 연신한다[이축연신(二軸延伸)이라 한다]. 이렇게 하면 길이의 방향뿐만 아니라 폭의 방향도 좋게 된다.

점탄성(粘憚性)과 고무탄성

용융상태나 진한 용액 속에서 선 모양 고분자는 서로 휘감기고 엉켜 풀리지 않는다. 따라서 방사해서 갑자기 냉각하거나 갑자기 용매를 제거하면 선 모양 고분자는 서로 휘감긴 상태 그대로 남아 고체화한다. 흔히 이렇게 해서 생성된 고체는 점도가 매우 높은 액체, 예컨대 시럽이나 벌꿀과 비슷한 성질을 나타낸다. 즉 힘을 가하면 서로 휘감긴 선 모양 고분자는 어느 정도까지는 변형되고, 가한 힘이 어느 정도 많을 때 이 힘을 제거하면 본래의 형태로 되돌아(즉 탄성을 나타내지만)가지만 가한 힘이 어느 정도 이상 크게 되면 분자의 일부는 이 힘에 억제되어 어긋남(점성유동)을 일으킨다. 이와 같이 선 모양 고분자는 탄성과 점성을 조합한 점탄성을 나타낸다. 가한 힘이 장력인 경우 어긋남, 즉 점성유동을 일으키면 휘감긴 실이 풀리는 것처럼 늘어나서 선 모양 고분자는 서로 평행으로 늘어서게 된다. 폴리에스테르섬유가 연신(延伸)할 때도 이러한 현상이 일어나므로 온도를 주의 깊게 제어하면서 연신하면 선 모양 고분자사슬은 모두 평행으로 배열하고, 그대로 동결시킬 수 있으므로 매우 질긴 섬유를 얻을 수 있다.

그런데 천연고무는 데우면 탄성을 잃고 끈적끈적해져 버린다. 그러나 알맞은 온도에서 가황, 즉 황을 섞어서 가열하면 대체로 이상적인 탄성체가 된다. 이것은 가열에 의해서 고무분자 사이에 황의 다리가 놓여 그물 모양 구조가 되기 때문이며 장력이 가해지면 늘어나지만 그물 모양 구조가 점성유동을 방해함과 동시에 원형으로 되돌려 보내고자 하기 때문에 장력을 제거하면 곧 본래의 원형으로 되돌아간다. 따라서 황이 지나치게 많으면 그물 모양 구조가 너무 많이 생겨서 탄성을 잃게 된다. 이것이 에보나이트이다. 이처럼 가황에 의해서 이상에 가까운 탄성체를 얻을 수 있는데 그 대신 그물 모양 구조가 고정화되어버려 한 번 가황하면 가열해도 연화(軟化)되지 않으므로 재생이 어렵게 된다. 가열 재생되지 않는 폴리머를 열경화성수지(熱硬化性樹脂)라 하고, 가열 재생되는 것을 열가소성수지(熱可塑性樹脂)라 한다. 열경화성수지에는 페놀수지, 요소수지, 멜라민수지, 불포화폴리에스테르수지, 에폭시수지 등이 있고, 열가소성수지에는 폴리에틸렌, 폴리프로필렌, 폴리스티렌, 폴리염화비닐(PVC) 등이 있다.

그래프트중합과 공중합

가황 이외에도 고분자화합물의 성질을 바꾸는 방법이 있다. 예컨대 그래프트중합과 공중합이 그것이다. 긴 고분자사슬(주사슬)에 작은 곁사슬을 늘어뜨리면 그래프트폴리머를 얻는다. 그래프트는 「접목(接木)」이라는 의미이다. 그래프트 폴리머는 주사슬의 성질과 곁사슬의 성질을 함께 가지므로 예컨대 양털에 아크릴로 니트릴을 그래프트중합하면 빨래하기 쉽고, 양털의 감촉을 가진, 전체로서 양털보다 우수한 섬유를 얻는다.

공중합이라는 것은 두 개 또는 그 이상의 모노머를 함께 중합하는 반응으로 이때 얻는 공중합체(Copolymer)는 말하자면 고분자합금(?)이다. 두 개의 색을 섞으면 새로운 색이 되는 것처럼 공중합에 의해서 새로운 성질을 지닌 폴리머를 얻는다. 가장 성공한 예가 부타디엔과 스티렌의 공중합체 부나S와 GR-S로서 충격에 약한 폴리스티렌이 부타디엔 단위의 도입에 의해서 합성고무로 탈바꿈한 것이다.

목면과 셀룰로스

천연섬유에 관해서 약간 설명해보자. 우선 목면부터 시작하자. 섬유로서 목면의 역할은 지금 재강조할 필요가 없을 정도로 역사적으로 봐도 면의 생산지 쟁탈에서 시작해 식민지전쟁으로 발전할 정도였었다. 목면의 화학적 구조가 해명된 것은 비교적 최근의 일인데, 인류가 목면을 의류로 사용하기 시작한지 수천 년이 지난 걸 생각하면 어쩌면 이점에 관해서는 어수룩했던 것 같다.

우선 19세기 초엽에 목면에서 얻은 펄프의 주성분인 셀룰로스[2](섬유소라고도 한다)가 목면과 같은 성질을 갖고 있다는 것이 밝혀졌다. 이후 1860년대에 이르러 미국에서 값싼 신문용지를 공급할 필요성이 대두됨에 따라 펄프 공업이 번창하고 이와 병행해서 셀룰로스의 연구가 활발해졌다.

---

2 역자주: 녹말과 셀룰로스는 모두 화학적으로 포도당을 단량체로 한 축중합 고분자화합물이다. 녹말은 그 분자량이 수만 내지 수십만에 이른다. 녹말을 가수분해하면 덱스트린, 말토프를 거쳐 글루코스로 분해된다. 녹말알갱이의 약 20%는 물에 녹는 아밀로스로 이루어져 있고, 나머지는 물에 녹지 않는 아밀로펙틴인데, 이것은 물을 흡수해 부풀어 녹말의 풀을 형성한다. 아밀로스는 α-1, 4-결합으로 결합된 글루코스 단위들로 이루어진 곧은 사슬의 중합체이고, 아밀로펙틴은 α-1, 4-와 α-1, 6-결합을 가지는 중합체라고 생각된다.
한편 셀룰로스는 지구상에서 가장 풍부한 유기화합물인데 섬유상 초목과 목질의 주성분이다. 가수분해하면 셀로비오스를 거쳐 포도당으로 분해된다. 이것의 분자량은 약 50만 정도이고, β-1, 4-결합으로 결합된 글루코스 단위들로 이루어져 있다.

포도당(글루코스)

아세탈결합

셀룰로스

이와 거의 때를 같이 하여 영국의 머셔(John Mercer)는 셀룰로스가 구리암모니아 용액에 용해되고, 이 셀룰로스액을 산 속에 흘려보내면 셀룰로스가 석출된다는 것을 발견했다. 이것을 독일의 쉬바이체르가 공업화하여 견과 비슷한 광택을 지닌 벰베르크를 시장에 내보냈다. 1892년에는 조금 늦게 영국의 크로스 등이 비스코스법을 발견하여 레이온이 등장했다. 크로스 등은 목면을 진한 알칼리로 처리하여 생성되는 알칼리-셀룰로스의 내약품성(耐藥品性)을 연구하는 사이에 알칼리-셀룰로스와 이황화탄소(CS_2)와의 반응에 의해서 오렌지색의 알갱이 모양 물질을 얻었다. 이것을 자세히 조사해보니 알칼리에 용해되어 시럽 모양의 점도가 높은 액체(비스코스)가 되고 노즐에서부터 산성액에 밀어 넣으면 셀룰로스가 재생되어 셀룰로스섬유를 얻을 수 있다는 것을 발견했다. 이것이 레이온으로,

비스코스를 얇은 슬릿 사이에서부터 밀어내면 셀로판이 생성된다.

이렇게 셀룰로스의 화학조성이 $C_6H_{10}O_5$인 것이 확인된 것은 1913년
이었다.

수년 후 슈타우딩거는 셀룰로스가 많은 글루코스(포도당) 단위로 이루
어진 고분자화합물이라는 학설을 발표했다. 글루코스($C_6H_{12}O_6$)는 식물이
이산화탄소와 물로부터 광합성해서, 동물의 혈액 속에도 에너지원으로서
존재한다. 드디어 슈타우딩거는 셀룰로스가 확실히 고분자임을 증명했
다. 그의 셀룰로스에 관한 연구는 자신의 고분자설을 지지하는 유력한 증
거가 되었다. 오늘날 목면의 셀룰로스분자는 글루코스 단위 약 14,000개
가 산소-탄소-산소(O-C-O-)결합, 즉 아세탈결합을 사이에 두고 선 모양
으로 결합한 것으로서 길이 1,000분의 1㎜ 정도라고 알려져 있다. 그러나
지름은 매우 작으므로 안타깝게도 전자현미경으로도 보이지 않는다. 식
물에서 셀룰로스가 될 때 글루코스 단위는 효소의 작용으로 물이 떨어져
나가고 축합한다. 즉 생체 내에서의 축중합 반응이지만 자세한 점에 관해
서는 아직 불명한 점이 많다.

슈타우딩거와 제자인 계른은 셀룰로스의 연구를 발전시켜서 셀룰로
스와 같은 아세탈결합을 지닌 고분자의 합성을 시도하여 포름알데히드
(CH_2O)의 중합에 의해서 폴리아세탈을 합성했다. 시판되는 테루린, 세루
콘, 포스타포름 등은 이 계통의 수지이다. 기계적 강도가 우수하고 내약
품성도 좋으므로 일용품, 자동차부품 등에 쓰인다.

양털

다음으로 양털에 관해서 살펴보자. 양과 인간과의 관계는 오래되었다. 성서 속에도 양을 치는 것이 등장하고, 그 후에 로마 시대에도 줄리어스 시저(Gaius Julius Caesar B.C. 102~44)가 갈리아(고대 프랑스), 게르마니아(고대 독일), 잉글랜드를 정복하려고 할 때 골메라라는 농업의 전문가를 동행시켜 포도를 심어 포도주를 양조시키고 양을 길러 군복을 만들어 중부유럽의 겨울을 견뎌냈다고 전해진다.

양털의 화학구조가 밝혀진 것도 20세기에 이르러서인데, 1902년에 노벨화학상을 수상한 독일의 화학자 에밀 피셔(Emil Fischer, 1852~1919)의 연구에 힘입은 바가 컸다. 그는 양털은 아미노산이 축합해서 만들어지는 펩티드결합(-NH-CO-, 아미드 결합이라고도 한다)이 다수 연결되어 이루어진 선 모양 단백질(폴리펩티드)이라는 것을 밝혔다. 천연에는 약 20종의 아미노산이 존재하며 주가 되는 아미노산에는 필수아미노산이 포함되어 있다.[3]

양털에는 거의 대부분 천연아미노산이 함유되어 있고 1개의 양털분자 중에는 수백 개의 아미노산이 규칙적인 순서로 결합해서 특정의 입체구조를 만든다.

---

3   역자주: 어떤 동물의 정상적인 성장과 기능에 필요한 양을 생체 내에서 합성할 수 없고 반드시 음식물로부터 섭취해야 하는 아미노산을 필수아미노산이라 한다. 사람의 경우 필수아미노산은 이소루신, 루신, 리신, 메티오닌, 페닐알라닌, 트레오닌, 트립토판, 발린 등 8종의 아미노산이다.

오늘날 50개 정도의 아미노산으로부터 바라는 대로 아미노산 배열과 입체구조를 지닌 천연단백질과 같은 것이 합성되므로 아미노산으로부터 양털을 합성하는 것도 전혀 불가능한 일은 아니다. 단지 대강 계산해도 합성양털 1g의 값은 수백만 원에 이르므로 오늘날에는 양을 길러서 그 털을 깎는 쪽이 더 값이 싸다는 이야기이다.

제2차 세계대전 후 IC염료회사의 레버쿠젠공장(현재의 바이엘사 본사공장)을 점령한 연합군의 기술장교는 양털과 같은 성질을 지니고 양털보다 가볍고 세탁해도 곧 마르는 합성섬유를 보고는 매우 놀랐다고 한다. 이것이 1940년 전쟁 중 독일에서 개발된 아크릴섬유(폴리아크릴로니트릴)였던 것이다. 에틸렌과 비슷한 화학구조를 지닌 아크릴로니트릴(CH_2=CH-CN)을 중합한 선 모양 폴리머로 펩티드결합을 함유하지 않는다. 토라론, 오론, 아크릴란 등의 상품명으로 시판되고 있다. 오늘날 아크릴섬유의 사용량은 완전히 양털의 사용량을 능가했고, 반대로 오스트레일리아에서는 양털에 아크릴로니트릴을 그래프트중합시켜서 개량하여 아크릴섬유의 장점을 보완하는 연구가 시도되고 있다.

비단과 나일론

비단도 양털과 마찬가지로 단백질, 즉 천연의 아미노산으로부터 이루어진 선 모양 단백질(폴리펩티드)이다. 중국에서는 기원전 2600년경에 이미 양잠을 했다. 비단의 광택, 가벼움, 화려함은 다른 것의 추종을 불허하는 것으로 뭇 여성들의 동경의 대상이었고 때로는 지위의 상징이기도 했다. 금세기에 이르러 특히 미국에서는 스커트, 비단의 스타킹, 하이힐이 근대여성의 상징이 되었다. 하지만 비단의 대량생산에는 양잠이 적합하지 않은 형태를 취한다는 사실, 더욱이 당시의 대생산국이었던 일본과 미국의 관계도 점차 긴박감을 더해가는 중이어서 값싸고 안정된 공급원은 바랄 수도 없게 되었다.

입수하기 쉬운 화학원료로부터 비단과 대체할 만한 합성섬유를 만들려고 도전했던 사람은 미국의 젊은 화학자 캐러더스였는데 그는 축중합이라는 새로운 중합반응의 분야를 개척한 천재였다. 캐러더스는 분자의 양쪽 끝에 아미노기($-NH_2$)를 가진 디아민($H_2N-X-NH_2$)과 분자의 양쪽 끝에 카르복시기($-COOH$)를 가진 디카르복시산($HOOC-Y-COOH$)을 축합시켜 펩티드결합을 다리로 해서 탄화수소사슬이 길게 결합한 선 모양 고분자(폴리아미드), ($\cdots[-HN-X-NH-]-[-OC-Y-CO-]\cdots\cdots$)를 합성했다.

디아민과 디카르복시산의 조합을 바꿔서 합성한 팽대한 수의 폴리아미드 중에서 헥사메틸렌디아민$[H_2N(CH_2)_6NH_2]$과 아디프산 $[HOOC(CH_2)_4COOH]$으로부터 얻은 「파이버-66」은 방사성(紡絲性)도 좋고, 섬유로서의 성질도 매우 우수했다. 이 섬유는 곧 공업화되어 처음에는 이를테면 「전염병」(양말의 흠)에 걸리지 않는다는 의미로 노런(No-run)이라는 이름을 생각했으나 시작품(試作品)의 스타킹이 곧 「전염병」에 걸려 버렸으므로 재수가 없다고 각하되고(특별한 의미는 없으나) 대신 듣기 좋은 이름이라 하여 1938년 10월 28일 나일론이라는 이름이 지어졌다.

실제로는 다른 설도 있는데 그 이름은 캐러더스의 제안으로서 그는 그 당시 클로로프렌고무나 이 새로운 합성섬유의 발명으로 유명해졌지만 한편으로는 우울증(그는 그 뒤 1939년 자살했다)도 강했으므로 허무주의(Nihillism)와 고독(Loneliness)에서 Nylon을 생각해 냈다는 사람도 있다. 그리하여 「석탄과 물과 공기로부터 만든 거미줄보다 가늘고 강철보다 강하다」라는 선전 문구를 갖고 1940년 5월 15일 나일론제 스타킹 400만 켤레가 미국의 대도시에서 일제히 팔리기 시작해서 4일 만에 매절되었다. 같은 해에 나일론제의 페티코트나 속옷도 시판되기 시작했고 나일론은 드디어 목면이나 레이온보다 더 잘 팔리는 섬유가 되었다.

나일론의 연구개발에는 13년의 세월이 걸렸고 당시의 돈으로 2,700만 달러의 거액이 투입되었으나 나일론의 성공은 그 노력과 투입자본을 훨씬 상회하고도 남는 성과를 거두었다. 오늘날 나일론은 중요한 합성섬유이자 공업용수지로서 여러 가지 기계나 전기전자기기의 부품으로 쓰인다.

오더 메이드 폴리머

지글러-나타촉매

1963년의 노벨화학상은 두 사람의 고분자 화학자에게 수여되었다. 독일 막스 플랑크 석탄연구소의 지글러(Karl Ziegler, 1898~1973) 교수와 이탈리아의 밀라노 공과대학의 나타(Giulio Natta, 1903~1979) 교수였다.

지글러 교수는 상온·상압에서 올레핀류로부터 입체규칙성을 지닌 폴리머를 만드는 특수한 촉매를 발견했고, 나타 교수는 이렇게 얻은 폴리머의 X선 구조 해석을 한 공적을 인정받았던 것이다.

지글러 교수가 이 새로운 중합촉매—이 분야에서의 공헌이 컸던 이두 학자의 이름을 따서 지글러-나타촉매라고 한다—를 발견한 것은 우연한 일에서였다.

그는 본래 유기금속화합물의 연구자였지 고분자 화학자는 아니었다. 어느 날 니켈-타이타늄합금의 반응용기 속에서 알루미늄화합물을 사용해서 에틸렌으로부터 어떤 저분자유기화합물을 합성하려고 했다. 반응이 끝나서 용기를 열었더니 목적했던 액체가 아닌 가루 모양의 고체가 생성되어 있었다. 조사해 봤더니 이 물질이 폴리에틸렌이었음을 알 수 있었다.

새로운 폴리에틸렌의 제조법이 발견된 것이다. 당시에는 고압법(高壓法)이 유일한 에틸렌의 중합법이었다. 더욱이 지글러의 촉매를 사용하면 상온·상압에서 에틸렌이 중합되고, 종래의 고압법 폴리에틸렌과 비교해도 분자량이 크고 가지가 적게 달린 곧은 사슬 모양의 폴리머를 얻을 수 있었다. 또 결정성, 연화온도(軟化溫度), 기계적 강도 등 어느 것을 봐도 그 성질이 매우 우수했다. 지글러는 곧 이 반응을 조직적으로 조사하여 반응 용기의 금속재료와 유기알루미늄화합물이 반응해서 전혀 새로운 중합촉매가 탄생된 것을 확실히 알아냈다. 이 촉매는 상온·상압에서 에틸렌의 중합을 가능하게 할 뿐 아니라 종래의 방법에서는 도저히 사용할 수 없었던 흰색의 고무 모양 물질만을 얻을 수밖에 없었던 올레핀류까지도 상압 하에서 중합했다. 더욱이 생성되는 폴리머는 결정성이 높은 고분자량의 물질이었다.

나타는 X선회절법을 구사해서 이들 폴리머가 일정한 입체규칙성을 지닌 폴리머인 것과 지글러-나타촉매로 중합한 폴리올레핀류의 성질이 뛰어난 이유는 이 폴리머의 입체규칙성에 의한 것이라는 것 등을 밝혔다.

그러면 여기에서 폴리머의 입체규칙성(택티시티)이 무엇인가를 살펴보자.

프로필렌이나 염화비닐과 같은 올레핀류는 에틸렌($CH_2=CH_2$)의 수소 1개가 다른 치환기(일반으로 X로 나타낸다)와 바꾸어 들어간 것이므로 ($CH_2=CH(X)$), 중합하면 폴리머의 탄소사슬은 치환기를 한 개 바꿔 가진 탄소가 오게 된다($\cdots CH_2-CH(X)-CH_2-CH(X)-CH_2-CH(X)\cdots\cdots$).

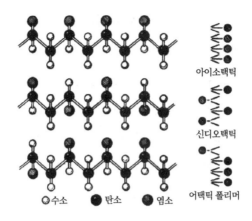

아이소택틱

신디오택틱

어택틱 폴리머

◎수소　●탄소　●염소

폴리머의 입체규칙성

　지금 폴리머의 탄소사슬을 그림과 같이 종이 면에 놓으면 탄소의 결합은 단일결합, 즉 sp^3궤도의 중첩으로 이루어졌으므로 탄소-탄소의 결합은 약 109.5°의 지그재그 모양이 된다. 다음으로 한쪽의 탄소에 붙어 있는 2개의 수소를 탄소사슬 지그재그의 아래쪽(독자 쪽)에 나란히 놓으면 당연히 두 번째의 탄소에 붙어 있는 수소와 치환기(X)는 탄소사슬의 위쪽에 있게 된다. 이때 치환기 X의 위치는 지면 위에 오는 경우와 아래에 오는 경우의 두 가지 가능성이 있다. 치환기 표가 모두 위이면 위로, 아래이면 아래로 한쪽으로만 오는 경우, 이 폴리머를 아이소택틱 폴리머라 한다(그림-위). 치환기 X가 위-아래, 위-아래와 같이 교대로 오는 폴리머를 신디오택틱 폴리머라 한다(그림-중간). 또한 치환기 X의 위치에 규칙성이 없는 경우 이 폴리머를 어택틱-폴리머라 한다(그림-아래).

종래의 중합개시제(또는 촉매)에서는 어택틱-폴리머가 많이 생성되었으나 지글러-나타촉매에 의해서 아이소택틱-폴리머와 같이 규칙성을 지닌 폴리머를 합성할 수 있게 된 것이다. 중합반응의 입체규제가 가능하게 되었다는 점에서도 매우 획기적인 일이었다. 즉 종래에는 이미 만들어진 제품의 폴리머뿐이었는데 주문 발주할 수 있게 된 것이다.

지글러-나타촉매의 등장에 의해서 각광을 받게 된 것은 폴리프로필렌으로 종래의 방법으로는 연한 고무 모양의 어택틱-폴리머만 만들 수 있었는데, 아이소택틱-폴리프로필렌은 결정성으로서 연화온도(軟化溫度)가 178°로 높으며, 기계적인 성질도 우수하기 때문에 공업재료로도 쓰이고 현재에는 연간 수백만 톤이 제조된다.

스위스에서는 바깥지름 63㎝의 폴리프로필렌관을 아우트반이회암(泥灰岩)의 사면이나 쌓은 제방에 박아서 물을 빼는 파이프로 쓰인다. 이회암은 물을 함유하면 팽창되는 성질이 있으므로 무너지기 쉽다. 동시에 내부의 압력이 높아져서 종래의 재료로 만든 물 빼는 파이프는 파열되기 쉬웠는데 아이소택틱-폴리프로필렌관은 그 성질이 우수했다. 유럽 각지에서도 음료수의 배관, 폐수관 등에 구경이 큰 폴리프로필렌관이 대량으로 쓰이며, 나쁜 기상조건에 견디므로 신뢰도도 높다. 더구나 가벼워서 운반이 쉽고 필요에 따라 폴리머를 현지에 운반해 공사현장에서 직접 파이프를 제조할 수 있으므로 갖가지 세공도 가능하게 되어 시민의 생활 향상에 공헌한다.

결정영역과 무정형영역

지금까지 폴리머가 결정성이므로 재료 또는 섬유로서의 성질이 우수하다고 몇 차례 설명했다. 따라서 폴리머의 결정성과 폴리머의 성질과의 관계를 고찰해 보기로 하자.

고분자사슬 중 각 부분이 정연하게 배열되어 고분자사슬이 다발로 모여 있으면 금속의 경우와 마찬가지로 결정격자가 형성된다. 다만, 금속과 다르게 고분자의 경우에는 대체로 매우 긴 고분자사슬이 휘감긴 상태에 있으므로 이것이 완전히 물러져서 전체가 하나의 결정조직이 되는 것은 있을 수 없다. 즉 결정이라 해도 반드시 비결정(무정형)영역이 남아 있다. 결정영역에서는 고분자사슬이 조밀하게 채워져 있으므로 고분자사슬 상호 간에 비교적 큰 분자 간 인력이 작용해서 이것이 예컨대 합성섬유의 질긴 부분의 기초가 된다. 섬유를 잡아당기면 이 분자 간 인력이 저항력이 되어 고분자사슬이 점성유동(粘性流動)하는 것을 방지한다. 그러므로 이 분자 간 인력이 가황고무의 경우처럼 그물 모양으로 된 부분과 같은 역할을 해서 탄성체와 마찬가지로 원형으로 되돌아간다. 섬유를 연신(延伸, 잡아당기는 것)하면 고분자사슬이 규칙적으로 배열된 결정영역이 만들어지는데 열처리를 해도 같은 결과가 얻어진다.

무정형영역에서는 고분자사슬이 개개의 크리스탈라이트[정자(晶子)] 사이에 복잡하게 난입해 들어 있으므로 이 주변에서는 섬유가 굽어지기 쉬워서 마치 관절과 같은 역할을 한다. 또한 이 부분은 염색하기 쉽다는 장점도 있다. 이것은 염료의 분자가 들어가기 쉽기 때문인 것으로 해석된다. 일반적으로 결정영역과 무정형영역의 경계가 확실하지 않은 경우가 많다. 대개 한 가닥의 고분자사슬이 몇 개의 결정영역과 무정형영역의 양쪽에 걸쳐 있으므로 물리적으로는 전혀 다른 영역이 고분자의 사슬로서 견고하게 결부된 모양이 된다.

보통 한 가닥의 고분자사슬은 수백 개의 모노머 단위로 이루어져 있으므로 전체가 한 개의 알갱이로 거동하는 일은 없다. 분자의 운동은 오히려 모노머 단위나 더 작은 원자단 단위로 일어나고 개개의 작은 단위가 따로따로 진동하거나 회전한다. 이와 같이 운동은 저분자화합물의 경우와 마찬가지로 온도의 영향을 받아서 저온에서는 개개의 작은 단위의 움직임도 거의 정지해 버리므로 무정형(비결정성)의 폴리머는 단단하면서도 부서지기 쉬운 유리와 비슷한 성질을 나타낸다. 그런데 무정형영역에 조금이라도 결정영역이 존재하면 콘크리트 속의 자갈, 콘크리트 속의 철근과 같은 역할을 해서 견고성이 보완되어 강도를 크게 한다.

무정형의 폴리머를 데우면 고분자사슬 중 원자단의 운동이 점차 세져서 어떤 특정한 온도 범위에서는 단단하면서 부서지기 쉬운 상태에서 연하면서 가소성(可塑性)을 지닌 상태로 변한다. 이 현상을 유리전이라고 하고, 유리전이가 일어나는 온도를 유리전이점이라 한다. 부분적으로 결정화한 폴리머를 가열하면 우선 무정형영역에서 유리전이가 일어나고 결정영역에서는 고분자사슬의 분자 간 인력이 작용하므로 유리전이는 일어나지 않는다. 결정영역이 많은 폴리머나 섬유에서는 유리전이점 이상의 온도 범위가 되면 굽어지기 쉽고 탄성이 증가한다. 계속 온도를 올려서 결정영역의 융해온도를 넘으면 점조(粘調)한 시럽 모양의 액체가 된다.

이처럼 폴리머의 성질, 특히 열에 대한 성질이나 기계적인 성질은 무정형영역의 유리전이점과 결정영역의 융해온도에 의해서 결정되는 경우가 많다.

폴리머에는 유리와 같은 투명한 것에서부터 유백색이나 불투명한 것에 이르기까지 천차만별로 그 종류도 다양하다. 무정형의 폴리머가 투명한 것은 액체와 마찬가지로 행동하기 때문이다. 결정화한 폴리머가 불투명한 것은 마치 태양광선이 구름 속 안개방울에 의해서 산란되는 것과 마찬가지로 빛이 작은 결정표면에서 산란되어 투과할 수 없기 때문이다. 따라서 부분적으로 결정화한 폴리머에서는 결정화도(結晶化度)에 따라 유백색에서 불투명한 것에 이르기까지 여러 가지가 있기 마련이다.

결국 합성섬유, 플라스틱, 합성수지 등 고분자화합물의 성질은 다음과 같은 요인에 의해서 결정된다.

① 모노머 단위(되풀이되는 단위)의 성격과 고분자사슬 중에서 모노머 단위의 입체배치

② 고분자사슬 중 모노머 단위의 수(중합도)

③ 무정형영역과 결정영역의 성질 등

폴리버켓의 성형

비스코스레이온이나 폴리에스테르섬유의 방사법에 관해서는 이미 설명했다. 폴리에틸렌, 폴리프로피렌, 폴리염화비닐과 같이 몇 차례 되풀이해서 성형 가공되는 열가소성수지의 대표적 성형법에는 압출성형기를 사용하는 압출성형(押出成型)과 사출성형기를 사용하는 사출성형(射出成型)이 있다. 압출성형기(엑스톨더)는 필름, 판, 펄프, 둥근 막대 등 반제품의 제조에 알맞다. 알갱이 모양의 폴리머를 가열흡퍼에 넣어서 일부 용해하여 마치 만육기(挽肉機)로 고기를 써는 것처럼 압출스크류로 반죽하면서 출구에 붙인 틀로부터 밖으로 밀어내는 조작으로 되어 있다. 사출성형기(인젝션 성형기)를 사용하면 복잡한 모양의 제품을 단번에 성형할 수 있다. 알갱이 모양의 원료는 흡퍼로부터 가열기로 보내져서 용융되어 일정량씩 압력에 의해 제품의 모양을 한 틀 속으로 밀려들어간다. 용융상태의 플라스틱이 틀 공간에 가득 채워져 고화된다. 이렇게 되면 틀은 자동적으로 열려 제품을 밖으로 밀어내고 틀은 닫혀 처음의 상태로 되돌아간다. 이러한 조작이 되풀이되어 제품이 점점 쌓이게 된다. 예컨대 폴리바켓 1개의 성형에 3분밖에 걸리지 않고 특별히 따로 일손 없이 균일한 제품을 만든다는 이점이 있다. 플라스틱제품이 오늘날처럼 보급된 배경에는 사출형 성형기가 크게 공헌했다.

고분자재료의 용도, 건축재료

전후 30년의 고분자화학공업의 발전은 실로 눈부신 바가 있다. 그러나 앞으로 어떠한 발전을 기대할 것인가. 오늘날에는 자원 부족, 저성장의 시대라고 하는데 우주 관계, 주택건설 관계, 해양개발 관계 등 고분자재료의 새로운 분야로의 진출도 의욕적으로 이루어진다. 따라서 어떠한 응용면이 주목되는지 그 보기를 몇 가지 소개하고자 한다. 우선 건축재료부터 살펴보자.

고분자재료의 새로운 시장은 뭐니 뭐니 해도 건축 분야이다. 주택이나 건물의 건축재라고 하면 오랫동안 주로 목재, 시멘트, 벽돌, 철강, 모르타르 등이 쓰였고 최근에는 유리, 알루미늄이 여기에 가세했으나 목재를 제외하면 전통적으로 무기재료가 많은 분야였다. 여기에 새롭게 유기재료인 고분자재료가 대량으로 진출하고 있다. 그 이유는 크게 두 가지로 나눌 수 있다. 하나는 화학회사 측의 사정이다. 고분자화학공업도 전형적인 설비산업(設備産業)이므로 커다란 설비를 만들면 값싼 고분자재료가 만들어지나, 대량생산한 엄청난 고분자재료의 판로를 확립해야 한다. 건축재료라 하면 오늘날 만들어 내는 고분자재료로서 그 성능이 우선 충분하므로 특히 연구비를 투자해서 신규물질이나 새로운 제조법을 개발하지 않아도 된다.

기술적으로도 사출성형이나 압출성형 등 기존의 기술이 활용된다. 더욱이 수요가 커지고 안정되고 있다. 또 하나 건축주와 건축회사 측의 사정으로 공사 기간이 단축될 수 있고 공사비도 저렴하다.

이런 경향으로 흔히 프레하브 방식으로 주택이나 건물을 어느 정도의 크기 단위로 분할해서 미리 성형공장에서 사출성형이나 압출성형 해놓고 이 단위를 건축현장에서 조립해 완성한다. 방, 부엌, 목욕탕과 같은 큰 단위를 만드는 경우도 많다. 이렇게 하면 인건비도 절약하게 되고 기후의 영향도 그다지 받지 않게 된다. 물론 건물 전체가 고분자재료라는 것은 아니다. 고분자재료가 가벼우며 성형하기 쉽고, 내후성(耐候性) 등의 장점이 있다는 점을 살려서 될수록 많은 부분에 고분자재료를 사용한다는 의미인 것이다.

유럽 최대의 고분자재료 제조회사인 BASF사도 이 분야에 진출하여 유명한 건축회사와 협동해서 고분자재료를 주체로 하는 주택을 개발했다. 힘을 지탱하는 구조 부분에는 PC철근콘크리트를 사용하고, 그 밖의 부분에는 고분자재료의 샌드위치구조를 채용하는 등 단위형의 프레하브 방식이므로 어떠한 고객의 희망에도 부응하는 주택을 공급할 수 있다고 한다. 이 새로운 방식의 주택은 이미 양산체제에 들어가 있다. 이와 같이 세계적으로 큰 화학회사가 건축 관계의 대기업과 합작하여 건축방면에 진출해서 신기원을 이룩하는 사실은 주목할 만하다.

개개의 고분자재료로는 창틀, 셔터, P타일 등으로서 널리 쓰이는 것이 폴리염화비닐로서 값도 싸고 가공하기 쉬우므로 앞으로도 건축재료로 널리 사용될 것으로 보인다. 또한 단열효과(斷熱效果), 흡음효과(吸音效果)가 좋은 발포(發泡)폴리스티렌, 발포폴리우레탄은 단열재로서 수요가 증가할 것으로 보인다.

특히 발포우레탄은 건축현장에서 즉석으로 만들 수 있다는 장점 때문에 그 수요가 더 증가할 가능성이 있다.

복합재료와 군함

유리보다 가볍고 강철보다 센 것이 복합재료(複合材料)이다. 이것은 건축재료뿐 아니라 다른 분야에도 그 용도가 확대되어 가는 경향이 있다. 복합재료라고 하면 아직 귀에 익지 않은 단어이다. 그 이름처럼 몇 가지 재료를 함께 사용한 것으로 보트, 요트, 스키, 가구, 의자 등에 쓰이는 유리섬유강화수지(FRP)도 복합재료의 일종이다. FRP도 약 30년 전 나일론과 거의 같은 때 유럽에 출현했는데 재료로 인식되기 시작한 지는 별로 오래되지 않았다.

앞에서 폴리머의 결정영역과 무정형영역에 관해서 이미 다루었는데, 그때 무정형영역 중 조금이라도 결정영역이 있으면 마치 콘크리트 속 자갈이나 콘크리트 속 철근과 같은 작용을 해서 재료의 강도나 탄성이 향상된다고 설명했다. 이와 마찬가지 원리로 고분자재료 중 유리섬유, 석면(아스베스트), 금속섬유, 탄소섬유, 섬유모양세라믹 등을 섞으면 강도가 현저하게 증가하고 탄성도 증가한다. 이것이 복합재료로 특히 금속이나 내열재료로부터 만든 호이스커라는 지름 100분의 1㎜ 이하의 섬유를 사용한 것은 금속에 비길 수 있을 정도로 강하고, 고분자재료에 비길 만큼 가볍다.

복합재료는 금속, 특히 알루미늄합금 분야를 침범하기 시작했다. 예컨대 초음속 제트기나 로켓에도 한쪽 방향에는 탄소섬유, 다른 쪽 방향에는 유리섬유로 강화한 복합재료가 쓰인다. 또한 고체연료 로켓의 외각(外殼)에도 탄소섬유로 강화한 내열성수지가 쓰인다. 우주선의 외각에도 내열성 복합재료가 쓰인다.

우주선이 지구에 귀환할 때 대기권에 돌입하면 공기와의 마찰열로 인해 보통의 재료라면 용융하고 타버린다. 탄소섬유로 강화한 내열성수지의 외각이면 1,000℃를 넘으면 분해되어 가스를 발생시킨다. 이 가스가 대기와 외각 사이에 얇은 가스 커튼을 둘러쳐서 단열재의 역할을 한다. 한편 분해된 수지는 탄화되어 버리는데 탄소는 용융열이 높으므로 적열 용융되는 동안 대부분의 마찰열이 탄소의 융해열의 형태로 흡수되어 버린다. 복합재료의 열전도율은 매우 낮으므로 지금 설명한 것과 같은 현상은 우주선 외각의 아주 작은 표면에서 일어날 뿐이므로 우주선 본체 내부에는 전혀 영향이 미치지 않는다.

복합재료가 앞으로 어느 정도까지 뻗어 나갈 것인가는 예측하기 어렵지만 건축, 자동차, 조선(造船) 등의 분야에서 점점 새롭고 신기한 용도로 사용될 것이라 기대를 모으고 있다. 그 예가 1972년 봄에 영국 해군이 공표한 유리섬유 강화수지제의 소해정(掃海艇) HM 윌튼호(배수량 450톤)이다. 소해정이라는 것은 적이 부설한 기뢰를 발견해서 파괴하는 군함을 말한다. 기뢰에는 대개 자석이 들어 있어서 이것이 강철제의 함정의 선복(船腹)에 끌려가서 폭발하도록 되어 있는데 합성수지제로 만든 배이면 자기(磁氣)에 감응하지 않으므로 기뢰제거에는 매우 쓸모가 있다.

길이 51m의 소해정에는 유리섬유 65톤과 불포화폴리에스테르 100톤이 사용되었는데 튼튼하고 공기(工期)가 짧다는 것도 장점이다.

부직포(不織布)

다음으로 흥미 있는 응용 예가 부직포이다. 보통 의복재료가 되기까지에는 몇 가지 공정이 필요하다. 천연섬유이면 모으는 것, 합성섬유이면 원료인 폴리머를 만드는 것이 선결 문제이다. 다음으로 방사해서 연신, 권축(捲縮), 염색 등의 공정을 거쳐 천을 짜고 다시 재단, 봉제해서 겨우 의료품(衣料品)이 만들어진다. 그런데 부직포라면 중합이라는 한 가지 공정만으로도 의료품을 만들 수 있다.

1969년 가을 BASF사가 개발한 방식을 소개하겠다. 우선 모노머를 물에 녹인 다음 짧은 섬유를 조금 섞어서 냉동장치를 갖춘 플레이트 위에 얇게 펼치고 희망하는 두께로 전체를 냉동한다. 용매인 물은 얼어서 플레이트에 수직한 방향으로 얼음의 미세한 결정을 만들고 그 틈새에 모노머가 분산된 형태가 된다. 다음에 자외선을 단시간 조사해서 모노머를 중합하면 폴리머의 알갱이는 섞여 있던 짧은 섬유와 이어져 있으므로 플레이트를 따뜻하게 하면 얼음이 녹아서 천이 남게 된다. 모노머를 알맞게 선택하면 흡수성의 천, 보온성의 천 등 다양한 천을 얻을 수 있다. 또한 플레이트를 예컨대 부인용의 원피스의 모양으로 해두면 겨우 한 단계 공정만으로도 원피스가 만들어진다. 우선은 한 번 입고 버리는 의류 등이 중요한 용도라고 생각되지만 의류업계나 이른바 패션업계에 일단 센세이션을 일으킨 것 같으므로 앞으로 여러 가지 방면에서 부직포가 쓰이게 될 것이다.

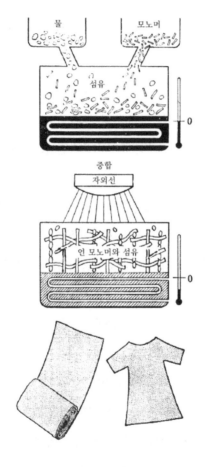

물과 모노머로부터 양복을 만든다

5장

색채의 세계

남프랑스의 옛 성에서 레오나르도 다빈치(Leonardo da Vinci, 1452~1519)의 회화가 발견되었다는 뉴스가 흘러나오자 세계 도처의 미술 애호가들은 환희의 소리를 드높였다. 새로 발견된 그림은 곧 경매에 붙여진다고 했다. 미술관계자들 사이에서는 미국의 수집가가 수백만 달러의 값으로 살 것이라는 소문이 나올 무렵, 또 다른 쇼킹한 뉴스가 흘러나왔다. 새로 발견된 그림이 가짜였던 것이다. 화풍(畵風), 형식 등 외관상의 특징은 다빈치의 작품과 같았으나 분석화학자를 속일 수는 없었던 것이다.

그러면 어떻게 해서 가짜인 것을 알아냈을까. 발견된 그림에서 매우 미량의 회구(繪具)를 채취해 그때 사용되었던 안료(顔料)를 조사했더니 다빈치의 시대에 사용되지 않았던 것이었음을 알게 된 것이다.

안료라는 것은 미립자 모양의 불용성 색소로 이것을 기름이나 적당한 전색제(展色劑)와 섞은 것이 회구이다. 안료 미립자의 지름은 100분의 1밀리 전후로 전색제는 말하자면 안료를 캔버스나 벽 등의 위에 붙게 하는 접착제의 역할을 한다. 비교적 새로운 안료에 관해서는 그 안료가 언제쯤부터 만들어지기 시작했는지, 언제쯤 시판되기 시작했는지 매우 정확하게 알고 있다.

따라서 회구의 안료를 조사하여 특정한 안료를 찾아내면 적어도 그 그림에 그 안료가 쓰이기 시작한 시점보다 오래될 리는 없는 것이다.

이러한 분석에 쓰이는 안료의 샘플은 눈으로는 볼 수 없을 만큼 매우 미량만(50 내지 100분의 1밀리그램) 있으면 충분하여 귀중한 원화(原畵)를 손상시키지 않는다. 더욱이 이 정도 양의 샘플로도 함유량 0.1~0.5%의 금이나 은도 충분히 확인할 수 있고, 20에서 30종류의 원소를 확인할 수 있다. 따라서 백색안료인 연백(鉛白)에 함유되어 있는 미량성분의 차이를 조사하면 그 안료가 이탈리아산인가 네덜란드산인가를 결정할 수 있다. 연백의 주성분은 히드록시탄산납[$2Pb-CO_3 \cdot Pb(OH)_2$]으로서 고대로부터 만들어져 있었다. 19세기에 아연백(ZnO)이 사용되기까지 흰색이라고 하면 연백으로 정해져 있었다. 오늘날에는 백색안료는 거의 타이타늄백(TiO_2)이다. 성분의 화학분석 이외에 안료의 알갱이 크기나 모양도 그 시대를 알 수 있는 기준이 된다. 옛날의 안료는 오늘날의 것처럼 크기나 모양이 일정하지 않으므로 이것으로 그 시대를 알 수 있다. 이러한 이유로 새로 발견된 그림도 교묘한 가짜임이 밝혀진 것이다.

앞으로는 가짜를 만드는 기회가 점점 줄어들 것이라 생각된다.

벽화에서부터 횡단보도의 흰 줄까지

오늘날을 색채의 시대라고 한다. 「잿빛 도시」라고 불려서 오랫동안 회색이 도시를 대표하는 색이었으나 이것을 보다 색이 풍부한 것으로 만들려고 노력한 건축가도 많았다. 오늘날에는 무지개의 일곱 가지 색 중에서 어떤 색깔이든 좋아하는 것을 고를 수 있는데 과거에는 오늘날과 같이 선택의 자유가 있었던 것은 아니다.

안료이든 염료이든 자연에서 주어진 매우 한정된 종류밖에 없었다. 프러시안블루(감청, 紺靑) 등의 인공안료가 시판되기 시작한 것도 겨우 1704

년 이후의 일이었다.

선사시대의 동굴 벽화 등에 사용된 회구도 모닥불이나 아궁이 주위의 재나 흙으로부터 만든 이회구(泥繪具)였다.

남아프리카에 3만 년 이상 되는 옛날 벽화가 그려져 있는 동굴이 있는데 여기에도 이회구가 사용되었다. 어느 것이든 그 성분이 산화철이나 수산화철을 함유한 점토로 색깔은 거무칙칙한 황색, 적색, 다색(茶色) 등이다. 오커라고 하는 안료도 이러한 종류에 속한다. 중세의 이탈리아 화가들이 즐겨 사용했던 앰버(Amber)라고 하는 갈색의 안료도 오커(Ocher)와 그 성분이 비슷하고 이산화망가니즈가 15% 정도 과량 함유되어 있다. 이회구 이외에 선사시대의 화가가 사용했던 것이 목탄이나 골탄의 검은색과 석회석($CaCO_3$)을 태웠을 때 생기는 생석회(CaO)의 흰색이었다. 오늘날에도 비가 적게 내리는 지방에서는 드물지만 생석회를 사용하는 곳도 있다고 한다.

그러나 선명한 녹, 청, 황 등이 나타나기 시작한 것은 비교적 최근에 이르러서인데 이것은 이러한 색깔의 광물의 산지가 한정되어 있었기 때문이다. 또 그 양이 적은 대신 값이 비싸므로 유리한 상품이 될 수 있었기 때문이었다. 당시에는 아직 화학이 초보 단계에 있었고 합성할 수 있는 영역에 이르지 못했다.

푸른 안료와 현상

18세기 초엽까지 푸른 안료는 그 값이 매우 비쌌다. 이러한 종류의 착색료(着色料)로서는 천연의 유리[1](瑠璃)가 유일한 원료였기 때문이다. 유리는 오히려 보석에 가까운 귀중한 존재로서 이것을 원료로 해서 복잡한 공정을 거쳐 만들어지는 울트라마린(Ultramarine, 군청)이 값비싼 것은 당연한 일이었다.

양질의 유리는 특히 값이 비싸서 중세에는 금과 거의 같은 가치를 지녔었다. 따라서 여명기의 화학자가 다투어 푸른색 안료를 합성하고자 했던 것도 이상한 일은 아닐 것이다. 울트라마린의 합성에 결정적인 발전이라 할 수 있는 업적을 이룩한 것은 프랑스의 크레망과 데솔므였다. 1806년 그들은 처음으로 울트라마린의 화학분석에 성공하여 그 조성이 $Na_8Al_6Si_6O_{24}S_2$임을 밝혔다.

1824년에 이르러 프랑스의 산업진흥회는 울트라마린합성법의 발명에 대해서 6000금프랑의 현상금을 제공한다고 발표했다.

조건은 단 한 가지, 제품 1kg당 300프랑 이하로 합성할 수 있어야 한다는 것이었다.

1828년 프랑스의 기메가 이 상금을 받았다.

그러나 사실은 기메와 독일 튀빈겐의 쿠메린, 독일 마이센왕립도자기

---

1 역자주: 유리는 일명 감색 보석이기도 한데 아름다운 청색 바탕에 황금색의 작은 점이 박혀 있는 광물이다.

제조소의 게팃히가 이미 울트라마린의 합성법을 발명했다.

특히 게팃히의 방법으로 만든 제품은 「유리블루」라는 상품명으로 시판되었다.

한편 독일의 실업가로서 파리의 산업진흥회에 아는 사람이 많았던 레박스도 1834년 독일 풋파타르에 울트라마린 제조공장을 세워 독일 안료공업의 기초를 이룩했다.

이 공장은 1862년 라인강 근처로 옮겨졌는데 이것이 유명한 독일의 바이엘사의 전신이다. 공장 주위에는 종업원을 비롯해서 많은 사람이 이주하여 큰 마을로 발전했다. 주민들은 공장의 설립자의 이름 레박스를 기려 마을 이름을 레박센이라 했다. 오늘날에도 바이엘사의 본사와 주가 되는 공장은 레박센에 있다.

인조 울트라마린의 제조법은 오늘날에도 그 당시와 그다지 변하지 않았다.

도자기의 원료인 카올린(점토의 주성분), 황, 탄산소다, 석영, 환원제 등을 섞어서 약 800℃로 가열한다. 혼합비율이나 가열온도를 조금 변화하면 여러 가지 울트라마린이 생긴다. 보통은 울트라마린 청색이거나 울트라마린 녹색이지만 울트라마린 청색을 염화암모늄으로 처리하면 울트라마린 자색을 얻고 이것을 다시 염소가스 또는 염산으로 처리하면 울트라마린 적색이 된다. 이 울트라마린 적색의 제조법은 그 당시에도 이미 독일 특허를 얻었다.

황색안료의 종류도 19세기에 이르러 증가되었다. 중세에는 주석과 납의 산화물의 혼합물인 납, 주석-황만 있었다. 19세기에 들어와서 색이 선명한 크로뮴황(크로뮴산납, $PbCrO_4$)이나 적색을 띤 황색의 황화카드뮴(CdS) 등이 출현했다. 고대로부터 알려져 있던 천연 황색 색소인 석웅황(石雄黃)은 비소의 황화합물(As_2S_3)이었으나 독성이 강하여 오늘날에는 거의 사용되지 않는다. 여기에서 안료와 독성의 관계를 조금 다루어보면 어린이들의 핑거 페인팅(Finger Painting)에 쓰이는 것으로부터도 알 수 있듯이 오늘날 쓰이는 안료에는 예외를 제외하고는 전혀 독성이 없다. 이것은 안료의 입자가 매우 용해성이 적어서 물이나 화학약품에도 녹지 않기 때문이다. 따라서 인체에 흡수되는 일이 없고 독성이나 발암성도 나타나지 않는다.

20세기에 들어와서 등장한 것이 타이타늄백으로 흰색은 보는 사람에게 청결감을 주었기 때문인지 그 생산량도 매우 증가했다. 자동차가 증가하면서 도로 표지의 중요성이 점차 증가하는 한편 특히 도로에 긋는 흰 줄에도 다량의 타이타늄백이 쓰인다. 자동차 헤드라이트의 빛을 효과적으로 반사하도록 0.1mm 정도의 유리 알갱이를 도료에 섞고 있다. 나중에는 겨울철에 노면이 얼면 색이 변하는 안료 등이 등장하지 않을까. 안료는 옛날부터 있었던 연구 분야였는데 이와 같이 오늘날 더욱더 많은 연구 과제가 남아 있다.

염료, 자연과의 싸움

오늘날에는 매년 패션이 바뀌고, 유행되는 색도 이와 더불어 바뀌는

여러 가지 것으로부터 천연염료를 얻는다

것이 보편적인 것으로, 아무도 이상하게 생각하지 않지만 예전부터 그랬던 것은 아니다. 염료[2]의 경우도 19세기 중엽까지는 몇 가지 천연물에 한정되었고 더욱이 염료로서의 성질이나 내광성(耐光性)도 그렇게 만족할만한 것은 아니었다.

예컨대, 게르만인(고대 독일인)이나 갈리아인(고대 프랑스인)은 군복을 감색으로 염색할 때 미르틸루스(월귤나무의 일종)의 즙을 사용했는데, 누구나 알고 있는 것처럼 세탁하면 색이 흐려진다.

2　**염료와 안료**: 착색물질이 반드시 염료에 한한 것은 아니다. 일반적으로 말하면 염료라는 것은 용매에 녹아서(대체로 물) 용액의 모양으로 특정한 재료(섬유, 종이, 가죽, 플라스틱 등)의 내부에 녹아 들어가거나, 표면에 부착, 착색하는 가용성 착색물질을 말한다. 안료라는 것은 섬유나 플라스틱 등에 가공(방사나 형성 등)하기 전에 미리 섞어서 섬유나 플라스틱 내부에 작은 입자의 모양으로 분산시켜 착색시키는 불용성 착색물질을 말한다.

월귤나무류에 포함되어 있는 청색의 색소는 식물계에 많은 안토시안류로 이러한 것들은 포도나 버찌 등의 과실 외에 다알리아, 개양귀비, 삼색제비꽃 등의 꽃에도 포함되어 있다.

그러나 안타깝게도 내광성이 좋지 않아서 직사광선을 받으면 단시간 내에 색이 바래고 빨래하면 색이 날아가 버린다는 결점이 있다.

천연염료 중에서 상품으로 나왔던 것은 남옥에서 얻는 푸른 염료인 인디고와 꼭두서니 뿌리에서 얻는 검은기가 있는 붉은 물감의 두 가지 종류였다. 그밖에 양적으로는 적지만 연지벌레에서 얻는 심홍색의 스칼렛, 양홍과 목서초에서 얻는 황색염료 등이 알려져 있었고, 떡갈나무나 졸참나무 껍질에서도 검은색 염료를 얻었다.

그러나 천연염료는 어쨌든 종류가 한정되어 있고 내광성이나 견인도가 좋지 않아 염색에 매우 고도의 기술이 필요했기 때문에 대부분의 염색 가게에서는 아버지로부터 아들에게로 전해져 내려오는 독특한 비법이 있게 마련이다.

염료의 제왕, 인디고

청(감)의 염료 인디고는 인류 최고의 염료라 해도 되는데 이집트 왕실의 유적에서 출토한 왕족의 미라는 인디고로 염색한 헝겊으로 둘러싸여 있었다. 따라서 이집트에서는 지금으로부터 4천 년 전에 인디고를 사용한 염색법을 알았던 것이다. 남옥 등으로부터 인디고를 얻는 데는 몇 단계의 과정을 거치면서 고도의 기술을 요하는데, 이를 감안하면 4천 년 이전에 인디고를 사용했던 이집트 문명의 심오함에 감탄하지 않을 수 없다. 첫째로 인디고는 형태 그대로로 식물에 포함되어 있는 것이 아니라 당과 결합해서 인디칸이라는 물질의 형태로 식물에 함유되어 있으므로 인디고를 얻는다는 것은 간단한 일이 아니다.

남옥 등의 식물로부터 인디고를 얻는 데는 우선 남옥 등의 원료 식물을 따서 통에 넣고 물을 가득 부어서 12~15시간 발효시키면 인디칸 성분이 물속에 녹아 나온다. 이 성분은 인디고가 되기 전 단계인 황색물질로 일반적으로는 로이고염료라 부른다. 이 황색의 로이고염료가 녹아 있는 수용액을 빗자루로 두드리면 공기 중 산소의 작용으로 로이고염료가 산화되어 물에 녹지 않는 푸른색 인디고의 덩어리가 된다. 이것을 여과해서 모으고 건조한다.

목면의 천을 염색할 때는 우선 수산화나트륨용액을 가하고 환원제로 처리하면 염색액이 된다. 즉 로이고염료의 용액이다. 19세기에는 이런 귀찮은 일은 하지 않고 인디고의 덩어리에 오줌을 부었다.

섬유제품을 로이고염료액에 담그고 이것을 말려서 공기에 바래면 환원형의 로이고염료는 섬유의 내부나 표면에서 산화되어 다시 불용성의 인디고로 변해 섬유에 잘 부착된다. 이러한 염색법을 건염(建染)이라 하고 이러한 염료를 건염염료라 한다.

인디고는 오랫동안 「염료의 제왕」으로 일컬어지고 경제적으로도 매우 중요한 자리를 차지했다. 1900년 1년 사이에 인도에서 생산된 천연인디고의 양은 당시의 값으로 1억 마르크에 이르렀다. 대농장에서 값싼 노동력을 이용해서 만든 천연인디고는 세계 여러 곳에 수출되어 종주국인 영국에 커다란 이익을 가져다 주었다.

12,000개에서 염료 1.4그램

옛날부터 있었던 천연염료 중에서 인디고와는 매우 대조적으로 일찍 그 존재가치를 상실해 버렸던 것은 심홍색(深紅色)의 염료 딜리안 퍼플이었다. 이 색이 허용된 것은 고대 로마 원로원의 의원, 황제, 왕, 추기경뿐으로 몇 세기에 걸쳐 최고 권력과 존엄의 상징, 말하자면 신분의 상징이었다.

이 염료는 지중해 동부의 해안에 서식하는 작은 조개의 색소선에서 분비되는 점액에서 얻었다. 여기에서 딜리안 퍼플의 화학구조를 결정한 독일의 프리드 렌더 교수가 쓴 처방을 소개하기로 하자.

「우선 조개의 색소선을 끄집어내서 얇게 자르고 단시간 태양광선을 쬐어 30%의 황산을 가하고 80~90℃에서 가수분해한다. 이때 얻은 붉은 끈적끈적한 물질을 잘 씻은 다음 알코올을 가해서 충분히 끓이고 잔류물을 벤조산에틸로 추출, 농축하면 결정을 얻을 수 있다. 수량은 조개 12,000개로부터 1.4g」.

이러한 사실을 통해 이 염료가 얼마나 귀중한 것이었는가를 알 수 있으리라 믿는다.

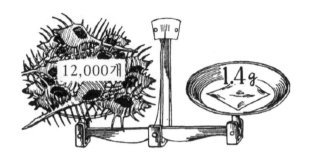

딜리안 퍼플은 조개 12,000개에서 불과 1.4g만 얻을 수 있다

인디고와 마찬가지로 중요한 것으로는 붉은 염료 꼭두서니로 남프랑스, 벨기에, 터키 등에서 대규모로 재배했다. 예컨대 1865년 1년 동안의 생산량은 프랑스의 보클루스만으로도 당시의 돈으로 2500만 프랑이었다. 유명한 프랑스군 군복의 적색 바지는 이 염료로 물들인 것으로 꼭두서니의 생산에는 프랑스 정부로부터 보조금이나 장려금이 영달되었다. 꼭두서니의 생산은 말하자면 프랑스의 국책이었던 것이다.

화학의 골드러시

19세기가 되면서 밀어닥친 산업의 파도와 이에 수반한 인구증가의 결과, 방적공업이 비약적으로 발전하여 유럽에서는 천연염료의 수요가 공급을 크게 상회하는 사태가 발생했다. 따라서 천연염료의 값이 매우 폭등했으므로 어떻게 해서든 인조염료를 대량생산하고자 고민했다. 이것이 이루어지면 사업으로서도 매우 유리한 사업이 될 것이라 믿게 되었다. 실업가가 염료공업에 주목해서 여기에 진출하기 시작한 것이다. 근대 화학 공업의 서막이 올랐는데, 말하자면 화학공업의 골드러시 시대가 개막한 것이다.

이 골드러시는 경제계뿐 아니라 학문의 세계에도 프론티어의 시대였다.

즉 염료공업은 사업으로서도 많은 금덩어리를 가져왔을 뿐 아니라 학문으로서의 유기화학을 키워서 새로운 발견을 이룩하고 새로운 기술의 개발을 촉진시켰다.

1920년경에는 염료공업이 유럽공업의 중심으로 격상했고 더욱이 염료의 합성에 필요한 원료를 공급하는 주변의 화학공업도 성장해서 새로운 기술과 경험을 축적해 나아갔다.

이와 같이 염료공업의 발달에 수반해서 탄생한 화학 기술이나 공업으로 전기분해, 촉매화학, 용매공업, 합성수지공업 등이 있다.

오늘날의 세계적인 대화학 회사 중에도 염료의 제조로부터 출발한 회사가 많다. 최초의 합성염료의 발견에는 재미있는 에피소드가 있다.

1832년, 자산가이며 민간인 학자이기도 했던 라이헨바흐는 너도밤나무의 타르성분의 구조결정을 연구했는데 자택의 생울타리를 근처의 개가 더럽히는 것에 화가 나서 개를 쉽게 쫓아버리는 방법은 없을까 궁리하던 끝에 자기의 연구재료였던 너도밤나무의 타르를 울타리에 칠해야겠다고 생각했다. 타르의 냄새 때문에 개가 질색할 것이라고 믿었던 것이다. 그런데 결과는 반대가 되었다. 개가 좋아하고 오히려 더 자주 와서 실망한

라이헨바흐는 타르를 빨리 없애버려야 했다. 할 수 없이 표백분을 칠했더니 어떻게 된 일인지 울타리가 감청색으로 염색되었던 것이다. 이렇게 해서 최초의 인공염료가 탄생한 것이다. 뒤에 알게 된 것인데 이것은 너도밤나무의 타르 속에 함유되어 있는 트리페닐카르비놀과 표백분이 반응해서 감색의 염료가 된 것이다. 그러나 유기화학은 그때까지 아직 발전하지 않았기 때문에 라이헨바흐의 이러한 발견을 그 이상 발전시킬 수 없었다.

천재적인 실패, 인조염료 모브

실용적인 인조염료의 합성과 제조에 성공한 것은 영국의 퍼킨(Sir. William Henry Perkin, 1838~1907)으로 1855년의 일이었다.

퍼킨은 당시 영국의 Royal College of Chemistry의 학장이었던 독일의 화학자 호프만[3](August Wilhelm von Hofmann, 1818~1892)의 실험 조수로 일했다. 1849년 영국의 식민지에서는 말라리아가 대유행하여 수천 명이 생명을 잃었으므로 호프만은 말라리아의 특효약 키니네만 있으면 수많은 인명을 구할 수 있으리라 생각하여 키니네의 합성을 구상했다.

당시 키니네는 열대지방 정글의 깊숙한 곳에서 자라는 키나의 나무껍

---

3 역자주: 독일의 화학자 호프만은 1918년 4월 8일 기센(Giessen)에서 태어나 그곳에서 법학과 화학을 공부했고, 폰 리비히(von Liebig) 밑에서 화학을 공부했다. 1845년 영국에 초청되어 많은 화학자들을 양성한 다음 1864년 독일로 돌아왔다. 벤젠에서 물감의 원료인 아닐린을 제조하는 방법 등 유기화학에서 많은 연구 업적을 남겼다.

질에서 얻었다. 호프만은 이보다 조금 앞서 콜타르에서 단리(單離)하는 데 성공한 톨루이딘이 키니네와 구조가 비슷한 것과 톨루이딘으로부터 키니네를 합성해야겠다고 생각해 이 작업을 퍼킨에게 지시했던 것이다. 이것은 오늘날로 보면 절대 불가능한 이야기이다. 어쨌든 키니네의 구조 자체가 매우 복잡하여 키니네의 전체 합성에 성공한 것은 1944년의 일이었다.

아무튼 콜타르제품의 공업적인 유효한 이용을 처음으로 시도한 것은 호프만의 뛰어난 착상으로 제2차 세계대전 후에 석유로 전환하기까지 화학공업의 원료는 1세기에 걸쳐 콜타르였던 것이다.

은사 호프만의 지시에 따라 퍼킨은 톨루이딘을 산화반응 시켰으나 얻은 것은 키니네와 전혀 비슷하지 않은 적갈색의 화합물이었다. 이리하여 호프만의 목적은 실패에 그쳤으나 퍼킨은 이 적갈색의 화합물에 흥미를 갖고 시험했는데, 타르제품이었던 아닐린과 반응시켰더니 이번에는 검은 덩어리를 얻었다. 이것을 알코올로 추출했더니 엷은 자색의 착색물질을 얻었다.

퍼킨의 천재적인 점은 이 착색물질의 용액에서 염색이 되는가의 여부를 확인했던 점이다. 예상한 대로 견이 선명한 등색(릴라[4])으로 염색됐던 것이다.

유럽에서는 자색이 고귀한 색으로 다루어져 왔다는 것은 이미 설명했

다. 그 자색이 인공적으로 만들어진 것이다. 퍼킨은 이 염료에 모벤이라는 이름을 붙였다. 모벤은 직사광선에도 안정하고, 비누를 사용해서 빨래해도 색이 빠지지 않는 우수한 염료인 것을 알았다. 실패 아닌 세기의 일대 발명이었던 것이다.

이리하여 퍼킨은 근무하던 곳을 그만두고 아버지와 함께 염색공장을 설립해서 자기가 발명한 염료 모벤의 제조를 시작했다. 그러나 영국에서는 모벤이 별로 팔리지 않았다. 영국의 염료 상인들은 매우 보수적이어서 이 새로운 제품에 냉담했던 것이다.

그런데 바다 저쪽의 프랑스에서는 리용의 나염업자들이 모벤의 우수성을 인정, 곧 퍼킨의 염료를 쓰기 시작했다. 이것에 모브(적자색의 꽃이 피는 야생초의 이름에서 명명되었다)라는 이름을 붙여 대량으로 수입하여 사용했고 이것을 계기로 퍼킨의 사업도 궤도에 올랐다. 얼마 지나지 않아 모브는 kg당 2,000마르크를 받을 수 있게 되었는데 이것은 백금과 거의 같은 값이었다.

퍼킨의 성공으로 염료공업은 성장산업으로 점점 주목을 끌게 되어 화학자들은 서로 경쟁해서 새로운 염료의 합성을 시도했고, 염료공장이 우후죽순처럼 여러 곳에 건설되었다. 퍼킨의 선생 호프만까지도 결국은 퍼킨의 염료 모브의 구조결정에 착수할 정도였던 것이다. 드디어 1865년에 케쿨레에 의해서 벤젠의 구조가 결정되어 유기화학도 하나의 학문으로서의 체계를 정립할 수 있게 되었다. 이리하여 천연염료인 인디고, 알리자린, 퍼플 등의 구조도 차례로 결정되었다.

알리자린의 합성과 공업화

1868년 독일 BASF사의 클레베, 리베르만 두 사람은 천연염료 꼭두서니의 성분인 알리자린의 합성에 성공했다. 이 알리자린 합성이야말로 천연물과 같은 구조를 가진 물질을 합성하고자 하는 목적의식을 지니고 합성연구를 추진하여 성공한 최초의 사례라고 해도 좋을 것이다. 이리하여 1869년 6월 26일 BASF사의 클레베, 리베르만, 카로의 세 사람은 알리자린의 공업적 제조법에 관한 특허를 얻었다.

모브의 발명자 퍼킨도 드디어 같은 합성법을 개발하여 특허를 신청했으나 퍼킨은 BASF의 세 사람보다 하루 늦게 신청했으므로 패배의 눈물을 흘렸다.

1875년에 알리자린은 독일에서만 12개의 공장에서 제조되어 1년에 1500만 마르크에 이르게 되었다. 합성알리자린은 천연산의 약 10분의 1의 값이었으므로 천연염료의 원료인 꼭두서니의 생산은 합성염료에 밀려

알리자린(적)

영세화되어 프랑스의 농업은 큰 타격을 입었
다. 1870년경 1kg당 90마르크 전후였던 천
연 꼭두서니는 1888년에는 1kg당 8마르크
로 폭락해 버렸던 것이다. 한편 인디고의 구
조도 리비히의 후임으로 뮌헨 대학 유기화학
교수였던 바이어[5]에 의해서 드디어 결정되
어 1880년에는 인디고의 합성에 성공했다.

바이어

　그러나 바이어의 방법은 공업적으로 채
산이 맞지 않아서 공업화에는 이르지 못했
다. 드디어 호프만에 의해서 천연물보다 매우 값싼 인디고를 제조하는 방
법이 개발되어 BASF에 의해 공업화되었다. BASF는 인디고 제조공장 건
설에 자기 회사의 자본금과 같은 1800만 마르크를 투자한 것으로 알려져
있다.

　1890년에는 최초의 합성인디고가 시장에 등장하여 얼마 후 천연인디
고를 추출해 버렸다. 인도의 인디고 재배가 쇠퇴해가는 한편, 독일 경제
는 크게 발전했다. 다음 표는 19세기 말에서부터 20세기 초엽에 이르기
까지의 독일에서의 인디고 무역액을 나타낸 것이다.

5　**바이어(Adolf von Baeyer, 1835~1917):** 바이어는 근대유기화학 창설자이다. 화학을 분젠과 케쿨레로
　부터 배웠고, 슈트라스부르크 대학 교수를 거쳐 1875년 리비히의 후임으로 뮌헨 대학 교수가 되었다. 죽을
　때까지 뮌헨에서 주로 염료의 합성에 몰두했다. 주요한 업적으로는 인디고의 구조결정과 전체 합성이 있고
　1905년 노벨화학상을 받았다. 한편 바이어는 뛰어난 교육자였는데 인디고의 공업화에 성공한 클레베, 리베
　르만, E. 피셔, V. 마이어 등 뛰어난 유기화학자를 배출했다.

인디고의 무역

(단위 100만 금 마르크)

	1895	1903	1913
독일 수입액	21.5	1.2	0.4
독일 수출액	8.2	25.7	53.3

1913년에 독일에서의 인디고 생산액은 2억 8,600마르크로 독일의 염료 총생산액의 86%를 차지했다. 이와 같은 독일의 합성염료공업의 승리는 목적의식을 가진 정확한 연구 활동의 승리를 말해주는 것이다. 이는 개척자 정신이 왕성한 기업인들의 대담성과 짝을 이루어 비약적인 발전을 이룩할 수 있었다. 오늘날에는 세계 경제의 구조를 한꺼번에 변화시킬 이와 같은 발명이 그처럼 많이 나타나리라고는 생각할 수 없다. 그러나 한편에서는 1914년의 제1차 세계대전의 발발을 정점으로 한 유럽의 몇 가지 격동은 이러한 폭발적이라 할 수 있는, 오늘날 생각해보면 급변하는 독일 화학공업의 발전에 따른 후유증과 깊은 연관이 있었던 것으로 생각된다.

착색의 원리

시작(詩作)보다 색채론이 더 좋았던 괴테

문호 괴테(Johan Wolfgang von Goethe, 1749~1832)의 취미는 자연과학의 연구였다. 괴테는 문학보다 자연과학을 사랑했었던 것처럼 보일 때도 있었는데, 여가는 대부분 자연과학의 연구에 소비했던 것 같다. 괴테는 자연과학이야말로 자신의 천직이라고 느꼈던 것 같은데 그의 저작 중에는 다음과 같은 글이 있다.

"나는 자신의 시인으로서의 업적을 자랑하고 싶은 생각은 없으나 색채론에 관해서는 약간의 공헌을 했다고 자부하고 있다……."

1,300페이지에 이르는 큰 저서 『색채론』에서 다루는 사항 중에는 자연과학을 전공한 사람의 눈으로 보면 분명히 잘못되었다고 생각되는 부분도 있다. 특히 "빛은 그 이상 분할할 수 없고 완전히 희다"라고 하는 점은 괴테보다 150년 이상 앞서서 뉴턴(Sir. Isaac Newton, 1642~1727)이 발견한 사실을 부정하는 것으로서 논의할 여지도 없다.

백색광을 프리즘에 통과시키면 무지개처럼 아름다운 색으로 나누어져서 아름다운 스펙트럼이 나온다. 백색광에는 모든 색의 빛이 포함되어 있는 것이다. 말하자면 괴테는 자연과학적인 색과 미학적, 즉 예술적인 색을 혼동하고 있었다.

그러나 괴테는 색이 사람의 마음속에 여러 가지 정감을 불러일으키는 작용을 하는 것을 잘 인식하고 있었다. 예컨대 우리는 따뜻한 색이라든가 찬 색을 말하는데, 벽을 녹색으로 칠한 방안에서 일하면 청색의 방에서보다 그 능률이 훨씬 올라가는 것은 간단한 실험으로 알 수 있다.

이와 같이 색채의 효과는 인간의 감각기관이 정신적인 영향을 받기 쉬운 구조를 지니기 때문인데 간단하게 숫자나 수식으로 나타낼 수 있는 것이 아니다. 그러나 예술가라는 것은 시대를 불문하고 색채가 지닌 심리적인 효과를 무의식중에 마음속으로 터득하고 있었던 것 같다. 현대에 있어서 색채가 지닌 이러한 심리적 효과를 최대한으로 이용하는 것이 광고와 텔레비전이며, 선거에까지 쓰이는 것은 여러분들도 잘 아는 사실이다.

물리의 복습

여기에서 빛의 물리학을 간단히 복습해 보고자 한다. 빛은 라디오나 텔레비전의 전파와 같은 전자파의 일종이다. 라디오의 전파에 중파와 단파가 있는 것처럼 빛에도 여러 가지 파장의 빛이 있다. 빛은 라디오의 전파보다는 훨씬 파장이 짧고 우리의 눈에 보이는—즉 색으로서 찍을 수 있는—빛은 400 내지 800㎚이다. 보통 이것을 눈에 보이는 범위라는 의미로서 가시영역이라 한다. ㎚은 나노미터라는 길이의 단위로서 1㎜의 100만 분의 1이다. 이것을 우리 몸 주위의 것과 비교해 보면, 사람의 모발의 성장 속도가 매초 100만 분의 10㎜ 정도이다.

그런데 우리는 색을 어떻게 해서 느낄 수 있을까. 인간의 눈은 말하자면 라디오파나 TV파의 경우 수신기나 수상기에 해당하여 들어오는 빛의 파장을 구별하고 흡수해서 결국 그 자극을 뇌에 전달한다. 여기에서 처음으로 색이라는 감각이 생겨난다. 물리적으로 말하면 색이라는 표현은 적절하지 않고 "일정한 파장의 빛"이라는 표현 쪽이 정확하다.

앞에서 언급한 바와 같이 백색광을 프리즘에 통과시키면 여러 가지 파장으로 분해되어 천연색의 띠가 된다. 이 띠를 스펙트럼이라 하며, 보통 왼쪽 끝 파장이 짧은 자색이고, 오른쪽 끝 파장이 긴 적색이다. 이 자색과 적색의 외측에도 스펙트럼은 연속되어 있다. 자색의 더 왼쪽이 자외선(UV) 영역이며, 적색의 더 오른쪽이 적외선(IR) 영역이다. 어느 것이나 눈에는 보이지 않으나 느낄 수는 있다. 자외선을 쬐면 해수욕을 하고 난 다음처럼 햇볕에 타며, 적외선은 따뜻하게 느껴지므로 열선이라고도 불리며 난방용으로도 사용된다.

따라서 염료라든지 안료라든지 하는 착색물질이라는 것은 물리적으로 말하면 "가시 영역의 전자파의 일정파장 영역을 흡수하는 물질"이라고 말할 수 있다. 지금 백색광을 푸른 유리에 통과시키면 푸른빛만 투과해 나온다. 즉 녹, 황, 적은 흡수되어 버리는 것이다. 붉은 유리의 경우에는 청, 녹, 황이 흡수된다. 불투명한 물체에 대해서도 같은 현상이 일어난다. 백색광을 청과 적을 흡수 또는 투과하는 표면에 쬐면 녹색빛만 반사된다. 따라서 우리들의 눈에는 녹색으로 보인다. 이러한 의미에서 백은 입사광의 전반사이고, 혹은 입사광의 완전흡수이다.

우리가 색이라고 느끼는 파장영역은 이와 같이 입사광과 물체 그 자신의 성질과의 상호작용에 의해서 결정되기 때문에 부인복이나 화장품의 색과 같은 것은 실내에서 보는 경우와 옥외에서 보는 경우 매우 다를 수 있으므로, 특히 주의해야 한다. 이것은 전구의 빛과 자연광에서는 색의 구성, 즉 스펙트럼이 다르기 때문인데, 전구의 빛은 자연광에 비해서 청색이나 자색 계통의 색이 엷으므로 청색이나 자색은 뚜렷하지 않고, 청색과 녹색은 명확히 구별되지 않는다. 반대로 자연광 밑에서는 황색이 실물 이상으로 세게 빛나는 경향이 있다.

따라서 자연계에서 관찰하는 색채현상이 모두 흡수, 반사와 관계가 있는 것은 아니다. 푸른 하늘이나 저녁노을의 색은 대기 밀도의 차이나 작은 먼지, 물방울 등에 의한 빛의 산란에 그 원인이 있다. 담배의 연기가 푸른색을 띠는 듯 보일 때가 있는데, 이것은 연기의 입자가 작으면 태양광선에서 청색을 산란하기 때문이다. 눈이나 염, 설탕이 하얗게 보이는 것은 작은 결정의 표면에서 빛이 산란되기 때문이며, 눈이나 염, 설탕도 원래 무색이라는 것은 예컨대 얼음덩어리가 투명한 것을 보면 너무나 분명한 위치이다.

비눗방울이나 웅덩이 표면에 뜬 유막의 색 등은 새의 깃털이나 곤충색과 마찬가지로 색소의 색이 아니고 간섭이라는 물리현상에 의한 것이다. 이것은 빛의 굴절과 관계가 있다. 이와 같이 색이라 해도 착색의 원인은 여러 가지 양상을 띠고 있다. 그러므로 이제부터 빛의 흡수에 관해 설명하고자 한다.

빛의 수신

염료가 가시광선의 어떤 일정 부분만을 흡수해서 그 결과 일정한 색으로 보인다는 현상은 "공명(共鳴)" 또는 "공진(共振)"이라는 개념으로 설명하는 것이 가장 알맞다. 공명이라든가 공진이라는 개념은 어떤 물체에 주기적인 간격으로 에너지가(예컨대 파동의 모양으로) 외부로부터 주어질 때 그 물체가 그 속의 어떤 특정한 값의 에너지(예컨대 특정한 파장 또는 주파수의 파동)에만 반응을 나타내는 현상을 말한다. 예컨대 텔레비전의 안테나에는 항상 여러 가지 파장의 파동으로부터 에너지가 들어오고 있다.

텔레비전 수상기를 어떤 일정한 채널에 맞춘다는 것은 안테나로 수신한 많은 전파 속에서 오직 하나를 선택해서 화상(畵像)으로 바꾼다는 것을 의미한다. 이러한 현상과 마찬가지로 염료에 태양광선을 쬐면 염료는 태양광선 중 어떤 특정한 파장의 빛만 수신(흡수)한다. 황색의 염료이면 태양광선(백색광) 중에서 단파장의 청색만 흡수한다. 따라서 백색광에서 청색을 뺀 나머지인 황색으로 보이는 것이다. 즉 염료도 분자 내에 안테나를 갖고 있다는 것으로 비유할 수 있다. 염료의 분자는 대체로 비교적 크고 평면이며 분자 내에 일정한 파장의 빛만을 흡수하는 발색단이라 불리는 원자단을 갖고 있는데, 이것이야말로 염료의 안테나이다. 텔레비전이나 라디오의 다이얼은 매우 조금만 움직여도 여러 가지 파장의 전파가 수신되는 것과 마찬가지로 염료의 화학구조가 조금만 변해도 색은 변해버리는 것이다. 표백분에 의한 표백 등도 하나의 보기로서 수백 개의 원자로 되어 있는 염료분자에 산소 원자 1개가 부가된 것만으로도 색이 사라져 버리는 것이다.

즉 수신기의 안테나가 파괴되어 버려서 수신 불능에 빠져버린다. 또한 염료분자의 화학구조를 조금만 변화시켜서 전혀 다른 색으로 바꾸는 것도 가능하다.

무색의 염료, 형광염료

조금 우스운 이야기 같지만 무색의 염료가 있다. 즉 눈으로 보이지 않는 자외선 영역이나 적외선 영역에서 흡수를 하는 물질이다. 물질이 빛을 흡수하면 결합에 관여하는 전자는 들떠서 에너지준위가 높은 상태로 옮겨간다. 들뜨기 쉬워서 안테나의 역할을 할 수 있는 전자가 분자 내에 있어야 한다. 오늘날에는 분자구조와 빛의 흡수와의 연관성에 관해서 자세히 연구되어 있으므로 푸른 염료이건 붉은 염료이건 생각한 대로 합성할 수 있다. 파라핀계의 포화탄화수소에서는 결합이 모두 시그마결합이므로 전자는 탄소-수소 사이의 결합에 세게 결합하여 들뜨기 어렵게 된다. 들뜨는 데 높은 에너지인 먼 자외선부의 빛이 필요하다. 이에 대해서 이중결합이나 삼중결합 등의 불포화결합에서는 파이전자가 관여하므로 시그마결합과 비교해서 들뜨기 쉽고 포화탄화수소의 경우보다 매우 낮은 에너지의 빛으로도 충분하므로 긴 파장 쪽의 자외선부에 흡수를 나타낸다.

이중결합이 1개의 단결합을 사이에 두고 한 개씩 나란히 있는 공액 이중결합의 계에서는 벤젠 등의 방향족계의 경우와 마찬가지로 파이전자

164

구름이 넓은 범위에 퍼져 있다. 그러므로 고립된 이중결합보다 더 들뜨기 쉬워 공액계가 어느 정도 길면 가시부(可視部)에 흡수를 지니게 된다. 파이전자의 길이, 즉 분자 내의 공액이중결합의 수가 증가함에 따라 색은 황색에서 적색을 거쳐 흑색으로 바뀐다.

예컨대 당근 같은 적색 채소에 함유된 카로틴(Carotene)은 이중결합이 11개 공액하므로 황적색이다. 이와 같이 어떤 물질이 어떤 파장의 빛을 흡수하는가는 분자의 구조에 의해서 결정된다. 따라서 반대로 흡수 위치를 측정하면 분자구조를 해명하는 실마리를 얻을 수 있다. 오늘날에는 1 ㎎의 천 분의 1, 즉 100만 분의 1g 정도의 미량의 샘플만 있으면 흡수 위치와 흡수 강도를 측정할 수 있는 정밀한 분광광도계가 있으므로 그 물질을 쉽게 확인할 수 있다. 특히 잔류농액의 정량이나 범죄 수사 시의 감식, 생체 내 반응의 추적 등 미량분석의 힘을 발휘한다.

그런데 염료분자에 흡수된 파이전자를 들뜨게 한 에너지는 그다음 어디로 가는 것일까. 염료분자가 용액 중에 녹아 있는 경우나 헝겊 위에 부착되어 있는 경우에는 염료분자 사이의 간격이 떨어져 있어서 서로 영향을 미치지 못하게 된다. 따라서 들뜨게 된 염료분자는 흡수한 에너지를 주위의 분자, 예컨대 용매분자 등에 주고 자신은 본래의 에너지준위, 즉 바닥 상태로 돌아가 버린다. 들뜬 분자가 어떠한 모양으로 에너지를 방출해서 바닥 상태로 되돌아가는 것을 활성을 잃는 현상이라 한다. 이러한 경우와 같이 주위의 분자에 에너지를 주고서 활성을 잃는데 필요한 시간은 100만 분의 1초의 1,000분의 1 정도(10^{-10}초)이다. 한편 에너지를 받은 인접분자는 역시 들뜨게 되어 진동 등의 분자 운동을 해서 주위의 온도가 올라간다. 즉 빛의 에너지는 흡수라는 과정을 거쳐서 열에너지로 변환되는 것이다. 경우에 따라서는 들뜬 염료분자 자체가 세차게 진동하여 드디어 분자가 글자 그대로 조각조각 찢어질 때도 있다. 의료품(衣料品)의 태양광선에 의한 퇴색(색이 바래는 현상)은 대체로 이러한 경우이다. 들뜬 분자의 활성을 잃는 과정에는 또 다른 것이 있는데 스스로 광원이 되어 빛을 방출하는 경우가 그것이다. 이때 방출되는 빛은 흡수된 빛보다 어느 정도 장파장 쪽에 든다. 이것이 형광이다. 이 현상을 이용한 것이 형광염료로 "새하얗게 세탁이 된다."라는 광고로 알려져 있는 세제 중에는 눈에 보이지 않는 자외선부의 빛을 흡수해서 자색에서 청색계통의 빛을 내는 형광염료가 소량 첨가되어 있다.

이 형광염료는 세탁물의 황색을 씻어 없애고 깨끗하게 보이게 할 뿐 때가 완전히 없어졌는가의 여부와는 아무런 관계도 없다. 이것으로 제목의 「무색의 염료」의 의미를 알 수 있을 것이라 믿는다.

플라스크 속에서 만들어내는 무지개의 일곱 가지 색

착색물질이라 해서 반드시 염료로만 착색되는 것은 아니다. 예컨대 당근에 함유되어 있는 황색의 색소 카로틴은 색소이지만 염료는 아니다. 착색물질이 동시에 염료가 되기 위해서는 무색의 헝겊을 염색할 수 있어야 한다. 당근즙에 흰 헝겊을 담그면 황색으로 착색되지만 온수에 넣거나 비눗물로 씻으면 곧바로 본래의 흰 헝겊으로 되돌아간다. 이것으로는 염색이라 할 수 없다. 카로틴은 염료가 아니라는 이야기이다.

염료가 섬유 위에 견고하게 고정되었다고 해도 상품으로 사용할 수 있는가의 여부는 말할 수 없다. 시장에 나오기까지 여러 가지 내구시험(耐久試驗)을 거쳐 합격해야 한다. 직사광선, 땀, 바닷물, 배기가스, 수돗물에 함유되어 있는 염소나 여러 가지 화합물 등에 대한 저항력을 비롯해서 세탁이나 클리닝에 쓰이는 산, 알칼리, 유기용매에 대한 내구력도 시험을 거쳐야 한다. 더욱이 다리미질을 하거나 때가 묻었을 때의 영향 등도 조사한다. 이러한 여러 가지 시험에 모두 합격점을 얻은 제품만이 시판되어 비로소 의료품으로 쓰이게 되는 것이다.

그러면 염색이라는 작업은 어떻게 하는 것일까. 염색을 하려면 염색액을 만드는 것에서부터 시작한다. 우선 염료를 물에 녹이거나 안정제를 가해서 염료의 미립자를 분산시킨다. 여기에 염색하려고 하는 실이나 천, 또는 의류를 담가서 염료의 분자를 섬유에 완전히 부착시킨다. 염색 후 세탁했을 때 색이 빠지거나 물이 묻었을 때 색이 흘러나오는 일이 있어서는 안 된다.

대부분의 섬유는 분자 내에 염료분자와 화학적으로 결합할 수 있는 원자단(관능기)을 지녀서 화학적으로 염색할 수 있다. 예컨대 천연섬유의 견이나 양모는 화학적으로는 단백질이나 폴리펩티드로 불리지만 분자 내에 염기성의 아미노기나 산성의 카르복시기를 가지고 있으므로 산성 염료 또는 염기성 염료는 염을 만들어 세게 부착, 다시 말해서 잘 염색한다.

목면의 염료

그런데 같은 천연섬유라도 목면의 경우에는 견이나 양모의 경우와 조금 달라서 인디고 이외에 목면의 좋은 염료는 쉽게 찾아낼 수 없었다. 목면의 성분은 앞에서도 설명한 바와 같이 셀룰로스이다. 셀룰로스는 글루코스(포도당)가 다수 축합한 천연고분자이므로 수산기(-OH)만 함유되어 있고 산성기나 염기성기는 없다. 더욱이 셀룰로스의 수산기는 반응성이 풍부한 편이 아니다. 따라서 견이나 양모와 같이 화학적으로 염료를 섬유에 부착시키는 방법은 개발되지 않았다. 그래서 옛날 사람들은 우선 불용성의 염료분자에 손을 써서 가용성으로 만든 다음 목면섬유에 침투시키고, 다음에 섬유의 내부에서 염료를 불용성으로 만들어 염료분자를 목면섬유에 세게 부착시키는 방법을 고안했다. 이것이 인디고를 설명할 때 다루었던 건염이다.

합성인디고가 공업화된 지 얼마 후 1900년에는 이미 인단스렌계의 건염염료가 나타났다. 이런 종류의 염료 발명자는 독일 BASF사의 본인데 목면의 염료로는 고급품으로 색, 염색, 품위, 부착력 등도 세계적인 평가를 얻었다. 즉 인단스렌 염료의 출현으로 인해 처음으로 세탁에도, 직사광선에도, 물에도 강한, 합성염료로 목면의 염색이 가능하게 됐다고 해도 과언이 아니었다. 그 후에도 많은 인단스렌계 염료가 만들어져서 오늘날에도 계속 쓰이고 있다.

19세기 말에는 염색액에 담그기만 해도 목면을 염색할 수 있는 직접염료가 등장했는데, 셀룰로스의 비결정영역에 염료가 흡착되기 때문이라는 것을 알게 되었다. 직접 염료의 경우도 인디고와 마찬가지로 염료분자는 셀룰로스 섬유와의 물리적인 인력에 의해서 부착된다. 직접 염료의 대표 격은 아조염료로서 최초의 목면용 아조염료는 콩고레드였다. 19세기 말에서 20세기 초엽에 걸쳐서 염료에 관한 독일 특허의 약 15,000은 거의 대부분이 아조염료였다고 한다.

오늘날에도 아조염료는 그 종류가 압도적으로 많다. 이것은 아조염료의 합성법에 기인한다. 아조염료는

① 방향족아민과 아질산으로부터 만들어지는 디아조늄염과
② 방향족화합물의 커플링반응에 의해서 합성한다.

방향족아민 성분 ①과 방향족화합물 성분 ②가 디아조기(-N=N-)라는 전형적인 발색단을 사이에 두고 결합하므로 이 두 가지의 배합을 바꾸면 여러 가지 염료가 생성되기 마련이므로 그 종류가 많은 것도 당연하다.

이에 관련해서 발색단이라는 것은 자외-가시영역(200~800㎚)에 흡수를 가진 원자단을 말하며, 염료는 발색단이 다수 공액결합한 구조를 지닌다. 인디고, 알리자린, 콩고레드 등의 구조로부터 이러한 사실을 알 수 있다. 발색단이 단독으로 존재하는 경우에는 자외선부나 먼 자외선부에 흡수를 가진 경우가 흔히 있으므로 우리들의 눈에는 보이지 않는다. 더욱이 디아조-커플링반응이 발견된 것은 1857년의 일이었으며 발견자는 모브의 퍼킨과 같이 호프만연구실에 있던 그리스였다.

아조염료 중에서 염색법에 약간의 연구를 가한 것이 현색염료(顯色染料)로 우선 커플링반응의 방향족 성분의 용액(下漬劑)에 목면의 의류를 담가서 스며들게 하고, 다음에 디아조늄염의 염색액(顯色劑)에 담가서 섬유상에서 커플링을 일으키게 한다.

이것과 비슷한 염색법으로 옛날에 있었던 터키적색(Turkey Red, 진홍색) 염색의 경우인데 우선 목면의 의류를 알루미늄염에 담근 다음 알리자린 용액에 넣으면 섬유상에 난용성의 착염이 생성된다. 이 방법이 매염(媒染)으로 오늘날에는 목면의 염색에는 쓰이지 않으나 양모의 염색에는 계속 쓰이고 있다.

반응성 염료

목면용 염료로서 중요한 것이 1956년에 등장한 반응성 염료이다. 반응성 염료에는 분자 내에 발색단 부분과 반응성이 풍부한 원자단(관능기) 부분이 함유되어 있다. 이 반응성이 풍부한 부분은 말하자면 등산용의 하켄(Haken)에 해당한다고 볼 수 있다. 이는 셀룰로스의 수산기와 반응하여 공유결합을 만들어 염료분자를 견고하게 고정시키므로 세탁을 비롯해서 염료로서의 내구시험에 우수한 성적을 나타낸다. 반응성 염료의 경우에는 전처리를 하지 않은 채 목면제품을 수용액으로 염색할 수 있으므로 염색기계를 사용해서 목면제품을 대량으로 짧은 시간에, 즉 매스프로 방식으로 염색할 수 있게 되어 가내공업에 머물렀던 염색업이 염색공업으로 승격했다.

나일론이나 폴리에스테르 등 합성섬유의 염색은 천연섬유와는 다른 의미에서 문제가 많다. 나일론이나 폴리에스테르의 경우에는 말단기가 염기성 또는 산성이므로 산성이나 염기성 염료로 염색할 수 있다. 또 물속에 염료를 분산시켜서 염색하는 분산염료(分散染料)가 쓰이는데 일반적으로 천연섬유보다 염색이 어렵다. 따라서 우선 염색에 적합한 관능기를 가진 성분을 공중합에 의해서 분자 내에 만드는 방법도 도입되고 있다. 물론 반응성 염료의 이용도는 천연섬유인 경우보다 매우 많다.

식품첨가용의 천연색소

천연색소는 앞에서 이미 설명한 바와 같이 염료로는 거의 그 가치를 상실해서 겨우 샤프란[6] 등이 동요 속에 남아 있는 정도이지만 식품첨가용이나 화장품용의 색소로서는 단연 광범위하게 쓰인다. 특히 최근에는 발암성 등이 문제가 되므로 이러한 점에 염려가 없는 천연물의 장점이 색소 분야에서 새로이 재평가된다. 예컨대 당근에 함유되어 있는 황적색의 색소 카로틴으로 대표되는 비타민A 계통의 카로티노이드계의 천연색소는 황색에서 적색까지의 색으로 착색할 수 있을 뿐 아니라 분해하면 비타민A를 생성하므로 비타민A를 첨가한 것과 같은 효과가 있다.

---

6   역자주: 샤프란(Saffraan)은 소형의 서양화초의 이름으로서 붓꽃과에 속하며 가을에 자색 꽃이 핀다.

따라서 마가린 등에 첨가해서 일석이조의 효과를 얻고 있다.

다음에는 카로티노이드계의 색소와 립스틱에 쓰이는 식물계색소에 관해서 설명하고자 한다.

카로티노이드계의 천연색소

카로티노이드는 동식물 중 널리 분포되어 있는 유용성의 황적색의 색소로 탄소 40개로 구성된 분자 중 이중결합과 단결합이 규칙적으로 교대로 나란히 있다. 오늘날 50종 정도의 천연 카로티노이드가 알려져 있으며 대표적인 것으로 당근의 색소 카로틴이 있다. 카로틴은 프로-비타민A라고도 불려 당근 1㎏ 중 약 0.1g, 야자유 1ℓ 중 3g 정도 함유되어 있다. 그런데 현재 마가린, 식용유, 동물의 사료 등에 착색용, 비타민첨가용으로 쓰이는 카로틴이나 비타민A 등은 거의 천연물과 그 구조가 같은 합성품이다.

샤프란도 카로틴과 같은 종류의 카로티노이드계 색소로 스페인, 남프랑스, 오스트리아산의 크로커스(Crocus)의 꽃으로부터 추출된다. 샤프란 1㎏을 얻는 데는 크로커스 꽃 7,500개가 필요하다고 한다. 빵, 과자, 비스킷, 파이, 향수, 의약품 등에 착색용으로 쓰인다. 동요에 나오는 샤프란이 이것이다.

립스틱의 색소

화장품용으로 중요한 것은 카르민산 색소인데, 특히 립스틱의 색소로 오늘날에도 쓰이고 있다. 그 성분은 카르민산의 금속착염으로 금속의 종류에 따라 적색에서 적자색까지, 심홍색의 스칼렛에서 홍색에 이르기까지 여러 가지가 있다. 이 색소는 중남미에서 양식하는 연지충(臙脂虫)에서 추출된다.

암놈의 성충을 산란 후에 모아서 증발, 건조시켜서 화장품공장에 보내고 여기에서 추출한다. 약 14만 필에서 얻는 색소가 약 1kg이라고 한다. 오늘날에는 거의 합성품이 쓰인다.

우리 주위에는 이 밖에도 많은 식물색소가 있다. 봄철에 들에 피는 꽃, 가을철에 산과 들을 물들이는 붉은 단풍 등, 자연의 아름다움에 경이의 마음을 갖게 된다. 우리 생활을 아름답게 하는 장미, 카네이션, 제라늄, 코스모스, 나팔꽃 등이 그것이다.

1910년 노벨상을 수상한 독일의 빌슈테터(Richard M. Willstätter, 1872~1942)는 여러 가지 식물색소의 화학구조를 결정했다. 그가 특히 주력한 것은 안토시안계의 식물색소로서 장미의 적색이 수레국화의 진한 감색의 색소와 같은 것이라는 것, 색이 다른 것은 착염을 만드는 금속이온의 종류나 식물 즙액의 산성의 세기 등에 의한다는 것 등 흥미로운 사실을 밝혔다.

안토시안류는 매우 복잡한 화학구조의 화합물이다. 어느 시대든지 이러한 복잡한 구조의 화합물을 식물이 어떠한 메커니즘으로 생성하는가를 해명하고자 시도한 화학자가 나타나기 마련이었으나 오늘날까지 아직 유감스럽게도 성공하지 못했다.

사진의 화학

좋은 옛 시절의 기록, 새로운 시대의 증거

카메라와 필름만 있으면 누구나 스냅사진은 찍을 수 있다. 따라서 휴일이 되면 아마추어 카메라맨들이 번화가, 교외에 나와서 셔터를 눌러서 연간 수천만 통의 필름이 팔렸다. 한마디로 총인구가 카메라맨 시대이다. 또한 연구자의 입장에서 봐도 마이크로필름을 비롯해서 기록으로서의 사진이 이룩하는 역할은 크다. 사진은 과거를 고정해주고 현재를 충실하게 기록해서 보존해준다. 필름 쪽에서 보면 흑백의 시대는 이미 지나간 과거이고 이제야말로 컬러의 시대이다. 최근에는 초고감도 필름을 위시해서 폴라로이드식의 순간사진 등의 새로운 기술이 계속 개발되고 있다.

그러나 대부분의 사람들은 사진이라는 것의 배후에 얼마나 많은 물리나 화학의 지식이, 연구 활동이, 그리고 얼마나 많은 천재들의 뛰어난 발명이 숨겨져 있는지 거의 깨닫지 못하는 것 같다.

패트로네식의 카메라, 정교한 필름 감는 장치 등 어린이들이나 기계를 잘 다루지 못하는 사람들도 간단하게 사진을 찍을 수 있는 메커니즘이 점차 개발되었기 때문인지 사진 본래의 복잡한 메커니즘이 잊혀진 경향마저 있다. 그러므로 사진의 원리를 조금 설명하고자 한다.

흑백사진

흑백사진용 필름에 컬러(색소)가 쓰이는 것을 여러분은 알고 있을 것이다. 여기에서 사진이 찍히게 되기까지의 과정을 차례로 추적해 보고자 한다. 우선 셔터를 누르면 렌즈를 통해서 대상의 영상이 필름 위에 나타난다. 그렇게 되면 필름 중 빛에 예민한 물질, 예컨대 할로겐화은이 빛으로 분해되어 금속 은으로 변화하여 필름 위에 은의 검은 상이 생긴다. 할로겐화은의 감도는 빛의 파장에 따라서 달라지므로 염화은($AgCl$)이면 450㎚, 브로민화은($AgBr$)이면 520㎚가 한도여서 이것보다 장파장의 빛에는 감광되지 않는다. 따라서 보통의 할로겐화은에는 녹색이나 적색은 나타나지 않으므로 여기에서 약간의 트릭이 쓰이게 된다. 즉 할로겐화은 중에 녹색이나 적색에 감광되는 색소를 매우 적게 섞어 놓는 것이다. 이러한 종류의 색소는 녹색이나 적색의 빛을 흡수해서 그 에너지를 할로겐화은에 넘겨주는 역할을 한다. 이리하여 녹색이나 적색의 빛에도 감광할 수 있게 된다. 이것을 전문용어로는 광증감작용(光增感作用)이라고 한다. 이때 쓰이는 것은 주로 폴리메틴계의 염료로 귀금속처럼 값이 비싸지만 사용량은 매우 미량으로도 가능하다. 이와 같은 증감작용을 하는 염료를 일반적으로 증감제라고 한다. 증감제를 가해 자색에서 적색까지의 가시 영역의 빛을 골고루 감광할 수 있게 한 필름을 팬크로매틱[7](金整色) 필름이라 한다.

---

7   역자주: 팬크로매틱(Panchromatic)은 간단히 팬크로라고도 하는데 브로민화은 건판보다 색채에 잘 감광하도록 만든 사진건판이다.

사진 필름에 쓰이는 할로겐화은은 대개가 브로민화은(AgBr)이고, 인화지에는 염화은(AgCl)이 쓰인다. 셔터로부터 들어오는 빛의 양에 따라서 할로겐화은이 분해되어 은으로 변하면 할로겐화은의 결정격자가 파괴되어, 말하자면 잠상(潛像)이 생기므로 이것을 현상해서 정착하면 진짜 영상이 된다. 현상액 중에는 환원성이 있는 유기화합물(예컨대 히드로퀴논)이 함유되어 있어서 감광된 은염의 입자, 즉 잠상을 검은 금속은으로 만든다. 이렇게 해서 생긴 상은 네가, 즉 음화(陰畵)로서, 센 빛이 비친 밝은 곳에서는 진한 상이 생기기 마련이다. 정착액 중에는 티오황산나트륨이 함유되어 있어서 은이온과 반응하여 수용성의 착염을 만들어 감광되지 않은 은염을 씻어버린다. 정착되면 물로 잘 씻어서 남아 있는 화학약품을 흘려 버리도록 한다. 이것을 건조하면 흑백사진이 된다.

천연색사진

컬러필름에서 가장 문제가 되는 것은 세 종류의 다른 색의 층을 같은 필름상에 도포(塗布)하지 않으면 안 된다는 점이다. 세 종류의 색이라는 것은 적, 황, 청의 삼원색이다. 자연광 밑에서 보면 마치 화가가 팔레트(Palette) 위에서 몇 종류의 물감을 섞은 것처럼 이 세 층의 색이 중첩되어 실물에 가까운 천연색으로 보인다. 적, 황, 청의 합계, 3장의 사진을 한 장의 필름 위에 만들어 중첩해서 보는 이치이다.

이러한 삼원색을 세 층으로 나누어 한 장의 필름에 도포하는 방식을 고안한 것은 독일의 루돌프 피셔로서 1911년의 일이었다.

독일의 아그파사가 피셔의 원리를 이용한 최초의 카메라 필름을 시판한 것은 1936년의 일로서 현재의 컬러필름도 이 방식으로 만들고 있다. 피셔 방식은 감광층 중 은이 석출된 곳에 색소가 생기는 것인데 색소는 이미 감광층에 섞어 놓은 특수한 유기화합물(커플러)과 현상액 중 환원제의 분해생성물이 반응해서 염료가 된다는 우아한 과정으로 생성된다.

예컨대 현상액으로 파라페닐렌디아민의 유도체를 쓰면 현상액이 알칼리성인 경우 페놀이 존재하면 인도페놀계의 푸른 염료를 얻는다.

이 삼원색으로 분할된 세 층의 감광층이 섞여서는 안 되고, 각 층에 생긴 염료와 각 층의 커플러도 옆의 층으로 스며 나와서는 안 된다. 또 각 층의 두께가 1㎜의 1,000분의 5를 초과해서도 안 된다는 등의 제한이 있다. 피셔가 천연 사진 필름의 원리를 발견한 다음 아그파사가 실용화하기까지 4분의 1세기(1911~1936)라는 세월이 필요했던 것도 옆의 층으로 옮겨가지 않는 커플러를 개발하는 데 이만큼의 시간이 필요했다는 이야기이다.

아그파사는 커플러에 긴 탄화수소의 사슬을 붙여서 이 문제를 해결했다. 예컨대 전형적인 황색의 커플러는 아닐린 유도체와 페놀유도체가 결합한 모양의 물질인데 페놀유도체 부분의 탄소 17개를 포함한 탄화수소 성분이 마치 옛날에 죄인들의 발을 묶었던 쇠사슬처럼 커플러 분자의 이동을 제한하기 때문에 커플러는 다른 층에 확산되기 어렵게 된다.

그렇다면 실제로 컬러필름은 어떠한 구조를 이루는 것일까. 기본은 플라스틱의 얇은 필름 또는 종이이며 그 위에 삼원색에 해당하는 1㎜의 약 1,000분의 5 정도 두께의 젤라틴 층이 세 겹으로 되어 있다. 대개 첫 번째 층이 청색광을 감광하는 황색의 커플러이고, 이 커플러가 현상액 중 환원 제성분인 산화생성물(환원제는 상대의 물질을 환원하지만 자신은 산화된다)과 반 응해서 황색의 염료가 된다. 그다음에 있는 것이 말하자면 황색필터로 은 의 미립자가 함유되어 있어서 청색광을 차단하는 역할을 한다. 제2층은 녹색을 감광하는 층으로서 적색의 커플러가 함유되어 있다. 제3층은 적 색을 감광하는 층으로 할로겐화은과 증감제 외에 청록색의 커플러가 함 유되어 있다. 이렇게 해서 만들어진 것은 당연히 네가(음화)이다. 컬러필름 의 각층은 당연한 일이지만 특정한 파장 영역의 빛만 선택적으로 감광한 다는 것과 각 층의 감도 즉 색소의 밸런스가 취해져 있어야 한다는 것 등 이 최저의 필요조건이다.

이제 컬러필름의 현상에 관해서 설명하기로 하자. 반전방식(反轉方式) 의 경우에는 비교적 간단하다. 우선 흑백용의 현상액을 사용해서 흑백으 로 현상한다. 감광된 부분을 흑백 현상하여 은으로 변화시키고 산화제로 이 은을 씻어 흘려 버리면 미반응의 브로민화은이 남으므로 백색광을 쬐 어 감광시키고 이것을 컬러 현상한다. 즉 처음에 빛이 비치지 않은 부분 이 이번에는 감광되어 앞에서 설명한 바와 같은 원리로 발색한다. 세 개 의 층에서 이러한 현상이 동시에 일어나므로 삼원색에 해당하는 세 장의 화상을 얻는다.

여기까지 오면 은은 이제 더 필요 없으므로 산화제로 제거해버리면 컬러의 양화(디아포지)를 얻는다.

네가-포지 방식의 경우에는 촬영한 필름을 곧바로 컬러 현상한다. 감광된 곳에는 은과 색소가 만들어지므로 은과 미반응의 할로겐화은을 용해시키면 흡수된 빛의 보색의 화상이 남는다. 즉 컬러의 네가가 생기는 것이다. 이 네가를 사용해서 인화지에 양화(포지)를 만든다.

아그파 방식과 거의 같은 시기에 미국의 코닥사에서 개발한 코다크롬 방식에서는 커플러가 컬러현상액에 용해되어 있다. 따라서 색소는 각 층에서 동시에 생기는 것이 아니므로 특수한 현상장치를 사용해서 차례로 삼원색을 현상한다. 코다크롬 방식의 장점은 선명한 컬러사진을 얻을 수 있다는 점에 있다.

순간 컬러사진

폴라로이드 방식의 순간 컬러사진을 발명한 것은 미국 폴라로이드사의 랜드와 로저스로서 이 방식도 삼원색으로 나누는 점에서는 피셔 방식과 그 원리는 같지만 어쨌든 현상이 불필요하다는 간편함이 특징이다.

화상은 염료의 확산에 의해서 생성된다. 더욱이 카메라 속에서 일어난다. 아그파사가 커플러를 각 층으로부터 움직이지 않도록 연구한 데 반해 폴라로이드사의 방식은 반대로 각 층에 자유로 움직이는(확산하는) 염료를 사용하는 점이 다르다. 말하자면 적, 황, 청의 염료는 처음부터 각 층에 섞여 있어 현상액에 의해서 발색되는 것은 아니다. 우선 쓰이는 색소는 본래 용해성이 좋았으나 빛을 쬐면 불용성이 된다. 빛을 쬐지 않은 부분의 색소는 여전히 용해성을 지니므로 다른 층으로 이동하지만 간단하게 제거할 수 있으므로 양화(포지)가 남는다. 폴라로이드 방식의 독창적인 점은 현상액의 성분과 색소가 화학적으로 결합되어 있다는 것, 그리고 그 화합물이 미리 필름에 도포되어 있다는 것 등이다. 이 현상액의 성분과 색소와의 화합물을 색소현상제라 하는데 흑백현상에 쓰이는 히드로퀴논에 탄소사슬을 연결해 색소분자가 결합된 구조의 화합물이다. 히드로퀴논 단위의 수산기(-OH)는 알칼리성에서 물에 녹지만 할로겐화은이 감광됨과 동시에 히드로퀴논 단위도 산화되어 퀴논 단위가 되므로 물에 녹기 어렵게 된다. 따라서 젤라틴과의 상호작용으로 에멀션이 된다. 마치 요구르트처럼 된다고 생각하면 좋다. 이렇게 색소가 빛을 쬔 장소로부터 움직일 수 없게 되는 것이다.

폴라로이드방식의 네가 필름은 8층으로 되어 있다. 맨 위쪽의 층은 청색광이 감광되는 브로민화은의 층이고, 그다음은 차례로 황색의 색소현상제를 함유한 층, 분리대, 황색증감제를 함유한 은염의 층, 적자색의 현상제의 층, 분리대, 적색에 감광하는 층, 청자색의 현상제의 층 등으로 각 층이 필름 위에 도포되어 있다.

폴라로이드 카메라에는 특별한 현상실이 그 속에 마련되어 있어서 감광된 네가 필름은 롤 사이를 통해서 알칼리성의 페이스트와 인화지에 접촉한다. 이렇게 되면 네가 필름의 현상액이 은염의 층에 스며들어가서 감광된 브로민화은을 은으로 변화하는 것과 동시에 색소는 감광된 부분의 부근에서 불용성으로 되어 움직이지 않게 된다. 한편 감광되지 않은 부분의 색소는 인화제에 흡수되어 양화가 된다. 인화지도 세 층으로 되어 있어서 맨 위쪽이 플라스틱의 필름으로 네가로부터 침입해오는 색소와 반응해서 색소가 유출되지 않도록 하는 역할을 한다. 이것에 의해서 선명한 화상을 얻는다. 가장 가운데 층에는 유기산이 함유되어 있어서 색소와 함께 인화지 속에 들어오는 알칼리와 반응해서 중화함으로 인화지에 생성된 화상은 중성이 되고 뒤처리를 하거나 물로 씻을 필요도 없다.

현상 시간은 온도에 따라 다르지만 대체로 50초 전후이다. 네가와 포지 모두 현상이 끝나면 카메라에서 빼서 벗기면 인화지 쪽에 컬러사진이 나타난다.

6장

생명의 화학

"미래의 학교에는 교실이 필요 없어지고 마치 병원의 외과 병동처럼 되어버리는 것이 아닐까. 학생들은 굳이 몇 년 동안 학교에 다닐 필요가 없고 2, 3일간 이 외과 병실에 입원하여 수년간 배워야 하는 교재 내용에 해당하는 주사액을 뇌에 주사해 버리면 그만인 것이다. 그러므로 어학 공부 등도 필요 없어지고, 단지 의학적 처치로 변해버릴 것이다. 구약성서에 나오는 바빌론 언어의 혼란도 완전히 해결될 것이리라." 이러한 미래의 학교는 종종 SF소설에 등장하는데, 어떻게 보면 진실한 점이 있는지도 모른다. 현대의 자연과학은 기억을 관리할 수 있는 물질을 포착할 수 있는 상황에 한발 앞에 와 있다. 그렇지만 지식 전달의 문제가 가까운 장래에 이렇게 SF적인 모양으로 해결될 것이라고는 믿어지지 않는다. 그러나 어쨌든 이러한 문제를 차례차례 생각하는 것은 매우 즐거운 일이다.

언젠가 기억을 이러한 형태로 사람에게서 사람으로 전달할 수 있을지도 모른다는 희망을 우리에게 준 것은 미국의 생리학자 맥코넬이었다. 1962년 그는 플라나리아라는 작은 동물을 실험재료로 사용해서 우선 빛을 쬐고 다음에 전기적인 자극을 가했다. 이 작은 동물은 보통 전기적인 자극을 가하면 수축한다. 맥코넬은 전기적인 자극을 가하지 않고 빛을 쬐기만 해도 동물이 수축하기에 이르도록 실험을 되풀이했다. 플라나리아는 빛이 다음에 오게 될 전기적 자극의 전주임을 학습했던 것이다. 파블로프의 조건반사와 비슷한 것으로 해석해도 좋을 것이다. 플라나리아가 이 학습을 마스터한 다음 맥코넬은 플라나리아를 절반으로 절단했다. 절단된 부분이 재생된 시점에서 앞에서 설명한 실험을 되풀이했더니 재생된 머리 부분만이 아니라 재생된 꼬리 부분도 그 학습을 기억하고 있었다. 4등분한 경우에도 역시 재생한 네 마리의 플라나리아는 마찬가지로 학습한 것을 외우고 있었다. 도대체 이것은 무엇을 의미하는 것일까. 한 번 학습한 것이 어떻게 2등분, 4등분된 플라나리아 속에 축적되어 있는 것일까.

비교적 최근까지 뇌는 일종의 컴퓨터와 같은 것으로서 전자적인 데이터의 기억과 비슷한 메커니즘으로 정보를 기억하고 축적하는 것이라고 생각해 왔다. 그러나 인간의 뇌의 기억축적능력은 수수께끼로 가득 차 있다. 인간의 기억능력에 필적하는 컴퓨터를 만들려면 지구 전체를 덮을 만큼의 어마어마한 양의 자기테이프가 필요하다고 한다. 따라서 기억의 문제는 어쨌든 분자 수준의 문제로 다루지 않으면 이해할 수 없다. 이러한 추정은 비록 뇌전류가 순간적으로 중단되어도 우리들의 기억이 사라지지 않는다는 사실로부터도 지지된다. 맥코넬의 실험은 기억 또는 지식의 축적이라는 것이 결국은 화학의 문제라는 가정을 입증하는 것은 아닐까. 단지 문제는 기억을 관리하는 것이 어떠한 분자이며, 이를 어떻게 확인할 수 있는가에 달려 있다.

분자 수준에서 기억과 깊은 관계가 있는 물질은-혀가 잘 돌아가지 않는 이름의-리보핵산(RNA)이라고 처음으로 말한 사람은 스웨덴 예테보리 대학의 H. 하이덴 교수였다. RNA는 유전 분야에서도 정보전달에 관여하는 것으로 잘 알려져 있으므로 하이덴 교수의 주장에 신빙성이 갑자기 높아져 갔다. 데옥시리보핵산(DNA)도 유전과 깊은 관련이 있는 물질인데 유감스럽게도 기억은 유전하지 않으므로 처음부터 DNA는 문제 삼지 않았다.

하이덴 교수는 래트(실험용의 쥐)에게 일정한 학습을 시킨 다음 이 쥐의 뇌를 분석해서 학습 전과 비교하여 RNA의 양이 증가하는 것을 밝혔다. 양뿐만 아니라 RNA의 구조에도 변화가 보였다. 이러한 하이덴의 실험결과는 플라나리아에게 앞에서 설명한 것과 같은 학습을 시킨 다음 잘 갈아서 잘게 빻아 아직 학습하지 플라나리아에 주면 전기적인 자극의 기억이 전달된다는 실험 사실과 잘 일치한다.

오늘날에는 RNA에서 불순물을 제거해서 정제하는 기술이 발달되어 있으므로 RNA의 기억정보전달의 경우에 학습을 끝낸 플라나리아의 RNA를 충분히 정제해서 실험해도 역시 학습하지 않은 플라나리아에 학습의 기억이 전해지는 것으로 알려졌다. 그러나 이 실험에도 여러 방면에서 의문이 제기되었다. 학습하지 않은 플라나리아의 RNA를 주어도 기억이 좋아지는 것을 알게 되었기 때문이다.

플라나리아를 사용한 실험에 이러한 모순이 생긴 것은 하나의 플라나리아라는 작은 동물이 지닌 성질 자체에 그 원인이 있다. 재생하기 쉬운 점, 신경계통이 단순한 점 등이 이런 종류의 실험동물로서는 알맞지만, 다른 한편으로는 특이적인, 잘못되어서는 안 되는 반사를 훈련하기에는 (척추동물이면 매우 간단하게 할 수 있지만) 플라나리아는 지나치게 간단한 동물인 것이다.

이러한 경과를 거친 다음 그다음에도 여러 가지 실험동물을 통해서 끈기 있는 실험이 곳곳에서 계속되었으나 아직 모순된 결과밖에 얻지 못했다. RNA가 기억을 관장하는 물질인가의 여부는 아직 결론을 얻지 못하고 있다. 아마 부정적인 결과로 기울 것이다. 기억과 실제로 관련이 깊은 것은 RNA가 아니고 단백질이라는 연구 보고도 있다. 예컨대 미국 미시간대학의 어느 연구자는 단백질합성을 저해하는 항생물질을 사용해서 금붕어를 훈련했다. 학습지도에 따라서 항생물질을 몇 번 주사했더니 금붕어는 공복일 때만 학습 의욕을 나타내고 학습 전이나 학습 중에 주사하면 학습한 것을 모두 잊어버렸다. 그러나 학습 후에는 몇 시간 지나서 주사해도 학습능력을 잃지 않았다.

노인들은 동서고금을 불문하고 언제인가 다시 옛날의 기억을 되살리고 싶은, 옛날 좋았던 시절의 추억에 잠기고 싶은 열망을 갖게 된다. RNA를 주사하면 단시간이지만 노인의 기억을 불러일으켜 기억력의 저하를 밀어낼 수 있다는 흥미 있는 결과도 알려져 있고, 오늘날 미국에서는 기억력을 좋게 하는 약을 합성해서 시험 중에 있는 제약회사도 있다고 한다.

기억의 문제를 다루는 화학은 아직 출발단계에 있다. 경험이 기억되어 축적되는 메커니즘은 아직 자세히 밝혀져 있지 않은 실정이다. 인간의 기억 전달에 이르러서는 오늘날의 학문이 미치기에는 아직 요원한 것 같다. 그러므로 "세계 여러 곳의 학교 선생님들은 안심하세요. 학교가 필요 없게 되는 일은 당분간 없을 것이고 선생님들이 실업하는 일은 없을 테니까요." 독일 뉘른베르크의 하르스델파가 창안한 것으로 알려져 있는 주입식

교수법과 비슷한 주사 교수법도 당분간은 실현될 것 같지 않다. 모두 SF 소설 세계의 이야기이다.

화학컴퓨터의 자기테이프

1953년 당시 25세였던 미국의 생화학자 왓슨[1] 박사는 영국 케임브리지 대학에서 크릭(Francis Harry Compton Crick, 1916~2004) 박사와 함께 DNA(데옥시리보핵산)의 구조결정에 전념하고 있었는데 미국의 유전학자 델브릭 박사 앞으로 3월 12일자의 편지에 다음과 같이 적고 있다.

"우리가 고안한 DNA의 모형은 롤링 박사와 슈메커 박사의 최초의 모형이나 수정한 모형과 전혀 다릅니다. 어쨌든 매우 독특한 모형입니다. DNA 자체가 기묘한 모양의 물질이므로 우리도 매우 대담해져도 좋을 것 같지만, 우리의 모형에는 두 가지 특징이 있습니다. 그 하나는 이중나선 구조입니다. 나선의 안쪽에는 푸린염기와 피리미딘염기가 있고 바깥쪽에는 인산기가 있습니다. 두 번째는 두 가닥의 나선이 상보적(相補的), 즉 한쪽 나선의 푸린염기에는 다른 한쪽 나선의 피리미딘염기가 대응하게 됩니다. 즉 아데닌과 티민, 구아닌과 시토신이, 항상 수소결합으로 짝을 이

---

1 **왓슨과 이중나선:** 왓슨(James D. Watson, 1928~)은 1928년 미국의 시카고에서 태어난 생화학자로 1953년 DNA의 이중나선모형을 제안했다. 왓슨-크릭 모델이라고 불리는 유명한 분자모형이다. 이것으로부터 유전학의 여러 문제를 분자 수준, 즉 화학반응으로 논의할 수 있게 되었다. 그의 공적에 대해서 1962년 노벨상이 수여되었다. 1961년 하버드 대학 교수로 임용되었다.

왓슨

룬다는 이야기입니다….."

이 짧은 문장 속에는 왓슨과 크릭이 발견한 역사적인 DNA의 「이중나선 구조」의 요점이 포함되어 있다. 그들의 발견은 생화학과 유전학의 역사에 남을 위대한 업적으로 생화학과 유전학의 교과서를 일변시켰다. 그러나 이 편지를 쓴 시점에서는 왓슨 자신도 아직 「이중나선」이 너무나 대담한 구조라고 어느 정도 불안을 느꼈던 모양이다. 앞에 적은 글 뒤에 이어 다음과 같이 적고 있다.

"…이라고 하지만 이 이중나선 구조는 어디까지나 잠정적인 성격을 가진 것으로 어떻게 보면 역설적이지만 결정적인 확증이 없는 것이 우리 구조의 확증인 셈입니다. 그러나 우연히도 우리가 고안한 구조가 옳다면 DNA 재생의 조립이나 그 방법에 관해서 작지만 진전이 있다고 생각합니다만…"

사실은 우연히도(?) 왓슨과 크릭의 구조가 옳았고, 그때까지 발견된 유전학의 법칙이나 지식이 그들의 모형을 인정하는 것에 의해서 명확하게, 더욱이 분자 수준에서, 다시 말해 화학의 지식으로 분자식을 사용해서 설명할 수 있게 되었다.

앞서 인용한 왓슨의 편지는 유전학의 전문가인 델브릭 앞으로 보낸 것이므로 전문적인 표현이 많고 배경도 알기 어려워서 마치 암호문을 읽는 것 같은 인상을 받은 독자도 많았으리라 생각된다. 따라서 한 번 더 쉽게

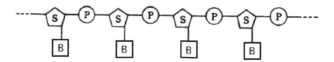

풀어서 왓슨과 크릭의 DNA 구조와 유전의 법칙과의 관계를 설명하고자
한다.

어쨌든 생물에는 유전이라는 현상이 있다. 좋아하건 좋아하지 않건 어
버이의 성질은 자식에게, 그리고 자식에서 손자로 유전된다. 유전의 법
칙성을 발견한 것은 오스트리아의 수도승 멘델(Gregor Johann Mendel,
1822~1884)이었다. 그러나 유전학자는 멘델의 법칙이 어떠한 것인가는 설
명할 수 있어도 왜 유전에 이러한 법칙성이 있는가, 그 배후에 있는 인과
관계를 해명할 수는 없었다. 그러나 19세기에서 20세기에 걸쳐 많은 학
자들의 꾸준한 연구 결과, 세포핵 속에는 염색체라는 특별한 물질이 있어
서 이 염색체가 유전되는 소질을 담당하는 곳임을 알 수 있었다. 세포분
열할 때도 염색체는 2개로 증식한다. 또 염색체는 어느 것이든 커다란 유
전정보를 함유하고 있어서, 말하자면 염색체라는 지도 위에 어디 그리고
몇 곳에 어떠한 유전소질이 감춰져 있는가도 비교적 정확하게 알 수 있게
되었다. 그러나 염색체의 정확한 화학조성이나 정확한 내부구조는 오랫
동안 수수께끼로 남겨져 있었다. 따라서 매우 복잡한 구조를 지닌 물질로
생각되었다. 어쨌든 유전이라는 복잡한 정보가 작은 염색체에 함유되어
있으므로 그렇게 생각하는 것도 당연했다.

한 명의 사람을 만드는 데는 적어도 100만을 넘는 정보가 필요한 게 아닐까 추정하고 있다. 화학물질 중에서 가장 구조가 복잡한 것은 단백질이므로 단백질이야말로 유전을 관리하는 물질이라고 주장하는 학자들도 많다. 그러나 유전자는 단백질이 아니고 의외로 매우 간단한 구조를 지닌 물질이라는 것이 드디어 밝혀졌다.

1869년에는 이미 세포핵 성분의 화학분석이 이루어져 인산을 함유한 물질이 검출되어 단리되었다. 이때 핵 속에 함유되어 있는 인산이라는 의미에서 핵산이라는 이름을 붙이게 되었다. 핵산은 영어로는 nucleic acid, 독일어로는 nukleinsäure, 프랑스어로는 acid nucleique이라고 한다. 모두 라틴어의 핵(核)을 뜻하는 nucleus에서 유래했다.

오늘날에는 왓슨과 크릭이 구조결정한 핵산을 데옥시리보핵산(DNA)이라 부른다. DNA는 매우 긴 실과 같은 선상분자(線狀分子)로서 분자량은 큰 것이면 8자리, 즉 1천만 대까지 되는 경우도 있다. 이 가늘고 긴 DNA

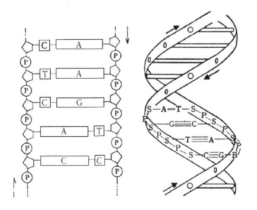

분자의 특정한 장소에 유전정보가 감추어져 있다고 한다.

DNA의 구조는 분자량이 거대한 데 비하면 간단해서 당성분(S), 인산성분(P), 핵산염기성분(B)의 세 성분으로 구성되어 있다. 당성분은 글루코스(포도당)와 비슷한 구조로 된 단당류 데옥시-리보스이다. 핵산염기로는 아데닌(A), 구아닌(G), 시토신(C), 티민(T)의 네 종류가 있다. 당성분(S)과 인산성분(P)이 교호해서 결합하여 ……P-S-P-S……와 같이 가늘고 긴 분자를 만들고 핵산염기성분(B)이 하나씩 당성분에 붙어 늘어진 구조로 되어 있다.

염색체 속에서는 두 가닥의 DNA사슬이 짝이 되어 이중나선 구조로 되어 있다. 이때 사슬의 안쪽에는 서로 마주 보는 핵산염기가 수소결합으로 결합하고 있다. 결합 거리나 구조의 관계에서 핵산염기의 짝은 아데닌과 티민(A…T), 시토신과 구아닌(C…G)으로 정해져 있다. 두 가닥의 DNA사슬은 꼬이면서 늘어난다. 따라서 DNA의 이중나선 구조는 길고 긴 줄사다리를 꼰 모양이라고 생각하면 된다. 밧줄이 당성분과 인산성분의 사슬이고, 발을 거는 부분이 A…T와 C…G의 두 종류의 핵산염기의 조합이다. 밧줄의 방향은 한쪽이 아래에서 위로, 또 한쪽이 위에서 아래로 되어 있다. 이러한 구조의 DNA분자에 대체 어떠한 양식으로 유전정보가 기억, 축적되어 전달되어 가는 것일까?

유전정보의 전달은 비교적 간단하게 설명된다. 전달되기 위해서는 당연히 DNA분자가 배증(倍增)하는 것이 필요하다. 더욱이 새로 생성된 분자와 꼭 같아야 한다. 이중나선의 안쪽에서 수소결합하는 핵산염기가 분리되어 마치 지퍼가 열리는 것처럼 두 가닥의 DNA사슬이 풀어지고, 이 풀어진 DNA사슬에 상보적으로 새로운 DNA사슬이 생성된다. 세포핵 중에는 네 종류의 핵산염기를 가진 기본구성 단위가 충분히 있어서 양적으로 배증되어도 부족한 일은 없다. 이처럼 되어 본래의 두 가닥의 DNA사슬과 꼭 같은 핵산염기배열을 지닌 두 짝의 새로운 DNA사슬이 생성된다. 이 과정은 주형(鑄型)을 사용해서 주물을 만드는 과정과 같다.

어떤 양상으로 DNA가 유전정보를 기억 축적하는가를 생각하기 전에 어떠한 정보가 전달되는가를 우선 명확히 해둘 필요가 있다. 이 정보라는 것이 요컨대 단백질합성법에 관한 정보는 아닐까. 동물의 몸을 구성하는 것 중에서 가장 중요한 성분은 단백질이므로 DNA에 숨겨져 있는 정보는 결국 동물의 몸을 만드는 처방전(處方箋), 즉 단백질합성법에 관한 정보라고 생각해도 무방할 것이다. 단백질을 만드는 것은 아미노산으로 약 20종류의 아미노산이 긴 실과 같이 선상으로 결합한다. 즉 이 단백질 중에서 아미노산이 어떠한 순서로 배열되어 결합하고 있는가. 이것이야말로 유전정보의 본질이다. 이 아미노산의 배열 순서를 결정하는 것에 의해서 특정한 단백질, 예컨대 특정한 효소가 합성되는 것이다.

그러나 DNA가 어떠한 모양으로 유전정보를 기억 축적하는가는 오랫동안 밝혀지지 않았다. 물론 컴퓨터의 자기테이프와 같은 전자적인 모양은 아닐 것이라는 점만은 분명했다. 수백만, 수천만이라는 거대한 분자량을 가진 DNA 한 분자에 오직 한 개의 정보가 함유되어 있다고는 생각할 수 없는 일이다. 만약 그렇다고 하면 세포핵이 DNA로 넘쳐흘러 버리게 될 것이기 때문이다. 그 밖에 생각할 수 있는 것은 DNA 중 특정한 성분이나 특정한 원자단이 암호의 역할을 하는 것이다. 이러한 경우 가장 혐의(?)가 걸리는 것은 어느 것보다도 핵산염기였다. DNA의 세 성분 중 변화하는 것은 핵산염기뿐이기 때문이다. 따라서 바이러스와 박테리아로 실험했더니 DNA가 특정한 효소의 아미노산 배열을 규제하는 것이 확인되었다. 아데닌(A)만으로 구성되는 DNA를 사용했더니 한 종류의 아미노산만으로 구성되는 단백질을 얻었던 것이다.

다음 문제는 20종류의 아미노산을 어떻게 해서 네 종류의 핵산염기로 표현하는가 하는 것이다. 염기 1개로는 4개의 아미노산밖에 대응할 수 없다. 이러한 문제를 생각할 때 우리의 일상생활을 생각해 보면 좋을 때가 많다. 미국의 언어는 알파벳 26문자를 조합해서 사용하는데 조합하는 것을 적절하게 하면 무수한 단어와 술어가 만들어지므로 불편을 느끼지 않는다. 더 간단한 것은 모스 부호로, 잘 아는 바와 같이 세 종류의 기호, 즉 점(·)과 막대(—)와 멈춤점으로 알파벳을 나타낸다. 알파벳이면 한 자로도 가능한 것을 모스 부호로 하면 2개 또는 3개의 기호를 사용하므로 보통의 알파벳과 비교하면 문장이 길어지는 불편이 있다. 우리가 사용하는 복잡한 술어나 사상을 전달하는데 돈(·)과 쯔(—)의 두 종류로 충분하다면 4개의 기호, 즉 핵산염기로서 20개의 문자, 즉 아미노산을 표현하는 것도 불가능하다고는 말할 수 없을지도 모른다.

즉 몇 개의 핵산염기가 나란히 배열되어 이것이 1개의 아미노산을 의미하면 좋다는 이치이다. 만약 2개의 핵산염기이면 핵산염기가 네 종류

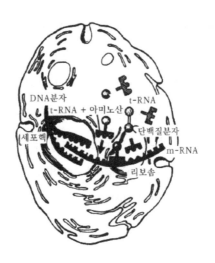

DNA는 단백질 제조용 복사기?

있으므로 4의 2제곱은 16개이고 따라서 20개의 아미노산을 나타나는 데
는 조금 부족하다. 3개 배열되면 4의 3제곱은 64의 가능성이 생겨서 20
개의 아미노산을 나타낸다. 따라서 DNA의 핵산염기의 암호는 3개 배열
된 것(3연암호, 三連暗號)이라는 이야기이다. 즉 3연암호야말로 아미노산을
결정하는 암호 그 자체인 것이다. 그러나 20개의 아미노산에 대해서 64
개의 가능성이 있으므로 의미가 없는 3연암호가 있어도 이상할 것은 없
다. 이 점에 관해서는 아직 해명할 여지가 있으나 그 뒤에 1개의 아미노산
이 수종의 3연암호로 표현되는 경우가 있다는 것도 알게 되었다. 이러한
3연암호가 많이 모여서 1개의 거대한 단백질분자가 이루어지는 것이다.

이처럼 해서 유전학에도 분자 수준의 연구 방법이 도입되어 유전학의 새로운 분야로 분자생물학이 탄생하기에 이르렀고, 계속 획기적인 성과를 거두고 있다.

3연암호의 지식을 바탕으로 유전적 질환의 해명도 다루고 있다.

유전정보의 전달과 메신저 RNA

지금까지 우리는 유전정보가 DNA 중 핵산염기의 3연암호라는 분자로 쓰여 있다는 것을 알았다. 그러나 아직 목적지에 도달한 것은 아니다. 유전정보가 숨겨져 있는 장소는 세포핵이고, 단백질은 세포 내의 리보솜 속에서 합성된다(그림 참조). 리보솜은 전자현미경으로 겨우 잡힐 정도의 매우 작은 입자로서 DNA와 매우 비슷한 구조의 리보핵산(RNA)이 어느 정도 함유되어 있다.

그런데 단백질합성의 정보는 세포핵에서 리보솜에 어떻게 전달되는 것일까. 세포핵과 리보솜의 거리는 1mm의 몇 분의 1 정도의 길이로 우리 일상생활의 척도로 보면 마이크로(micro)의 부류에 들어가는데, 이는 분자의 세계에서는 당치도 않은 크기인 것이다. 우리가 일상생활에서 어떤 정보를 전달하고자 하면 전화나 전보, 편지 등을 중개하는 수단으로 이용할 것이다. 상대방이 눈앞에 있으면 말, 즉 목소리로 전달한다. 세포 속에서도 그 원리는 꼭 같아서 역시 중개역이 필요하다. 발신자나 수신자도 생체의 일부분이다. 이 중개역이 앞에서 다룬 리보핵산(RNA)이라는 화학물질이다.

유전정보의 기억, 축적에도 3연암호라는 중개수단이 있었으므로 전달에 중개역이 존재해도 특별히 놀랄 필요는 없다. 이 중개역 RNA는 글자 그대로 메신저 RNA(m-RNA)라 불린다. m-RNA는 DNA와 그 구조가 매우 비슷하여 DNA와 마찬가지로 당성분과 인산성분이 교호해서 나란히 길게 선상의 분자를 이룬다. 다른 점은 당성분이 데옥시리보스가 아닌 리보스라는 것과 핵산염기가 DNA에서는 티민(T)인 곳에, RNA에서는 우라실(U)이라는 것, 두 가지 점뿐이다.

메신저 RNA의 역할은 유전정보를 쓴 편지를 복사해 세포핵에서 리보솜으로 가져가는 것이다. 물론 이것도 암호로 쓰여 있고, DNA의 경우와 마찬가지로 핵산염기의 배열 순서가 암호로 되어 있다. DNA의 정보는 어떠한 구성으로 RNA에 전사되어 가는 것일까. 이것도 DNA가 배증하는 경우와 매우 비슷한 구성으로 우선 DNA의 이중나선이 지퍼를 여는 것처럼 풀려서 그 한쪽의 DNA분자의 사슬이 주형이 되어 RNA분자의 사슬이 만들어진다. RNA분자의 사슬 길이는 DNA보다 매우 짧으나 이것은 DNA분자가 거대해서 몇 개에 이르는 단백질 분자를 합성할 만큼의 아미노산에 관한 정보를 함유하므로 RNA에는 DNA가 지닌 정보의 극히 일부분만 전사할 수 있는 것으로 되어 있다. 사실 어떤 특정한 영역의 활성이 일정 시간밖에 지속하지 않는 매우 큰 염색체가 발견되어 있으며, 이러한 종의 염색체를 관찰하면 어떤 특정한 부분만이 평대해 있는 경우가 있다. 화학적으로 조사하면 이러한 부분에서는 RNA가 왕성하게 만들어져 있는 것을 확인할 수 있다. 즉 여기에서 RNA 분자가 합성되는 것이다.

리보솜, 생체 내 단백질 제조공장

단백질은 아미노산이 결합해서 만들어진 사슬과 같은 가늘고 긴 분자이다. 한 가닥의 단백질사슬에 평균 300에서 400의 아미노산이 함유되어 있다. 우리 체내에 있는 단백질분자의 종류는 1천 종 정도로 알려져 있다. 단백질은 어느 것이나 같은 결합양식을 가지고 아미노산이 축합한 펩티드결합(아미드결합)으로서 아미노산 성분이 사슬 모양으로 배열되어 있다. 많은 펩티드결합이 함유되어 있으므로 폴리펩티드라고도 불린다. 아미노산성분의 수, 종류, 배열 순서의 차이에 따라 여러 가지 단백질이 만들어진다. 이것을 다시 문자로 비교하면 아미노산 100개로 만들어져 있는 단백질은 20자로 이루어진 알파벳(아미노산!) 100자의 단어에 해당한다. 따라서 그 조합은 20의 100제곱, 즉 0이 130개나 붙는 천문학적인 숫자가 되고 만다.

처음에는 세포가 이러한 천문학적 숫자의 단백질을 모두 합성하는 것으로 생각했다. 그런데 열 사람이면 열 가지 색, 사람마다 다른 것처럼 그 사람에게 독자적인 구조의 단백질을 지닌다고 생각한 학자도 있었다. 그러나 최근에 와서 단백질의 경우에는 아미노산의 배열 순서가 같은 종 속에서는 유전된다는 것을 알게 되었다. 즉 세포에는 DNA 속에 써 넣어져 있는 유전정보에 의해서 이론적으로 생각할 수 있는 수천 억의 단백질 중에서 약 1천 개의 단백질만을 골라내서 합성하는 능력이 있다는 사실을 알게 된 것이다.

이것을 풀어가는 열쇠는 앞에서 설명한 바와 같이 m-RNA로부터 받아들여서 리보솜에 전송된 DNA 중 핵산염기의 배열 순서에 숨겨져 있는 것이다. 리보솜에 겨우 도착하면 RNA와 리보솜은 곧바로 결합해서 핵산염기(유전정보)에 자유롭게 접근하게 된다. 그런데 여기에서 아직도 다음과 같은 질문이 생긴다. 즉 아미노산 자체는 어떠한 방법으로 자신의 3연암호가 어느 것인가를 확인하고, 언제 단백질사슬 속에 배열되는가를 알수 있을까.

이러한 질문에 대답하는 데는 리보핵산(RNA)에는 메신저 RNA(m-RNA) 외에 또 하나 다른 RNA가 있다는 것을 덧붙이지 않으면 안 된다. 이 새로운 RNA분자의 사슬은 m-RNA보다 더 짧고 핵산염기 80개 정도만 함유하고 있다.

이 새로운 RNA의 역할은 세포액 중에서 아미노산을 리보솜으로 운반하므로 트랜스퍼-RNA(t-RNA)라 불린다. t-RNA도 3연암호를 가지고 있어서 이 3연암호 속에 함유되어 있는 것이 t-RNA와 결합되어 있는 아미노산을 단백질사슬 중 옳은 위치로 이끄는 정보이다. t-RNA는 정보로 지정된 아미노산을 세포 내의 매우 작은 입자인 리보솜으로 운반한다. 단백질합성에 관여하는 아미노산의 수는 20이므로 세포 속에 적어도 20종류의 t-RNA가 존재한다.

따라서 리보솜은 생체 내에 있는 단백질 제조공장인 것이다. 즉 리보솜은 m-RNA와 결합하여 핵산염기에 접근하기 쉽게 하여 그 핵산염기를 t-RNA 중에 합치한 3연암호와 쌍을 이루게 하는 역할을 한다. 한편 t-RNA의 핵산염기가 붙어 있는 쪽의 반대쪽 말단에는 아미노산이 곧 반응할 수 있는 활성화된 상태로 대기하고 있어서 단백질의 말단아미노산과 결합한다. 이 결합은 m-RNA의 3연암호가 t-RNA 중 쌍을 이루지 않은 핵산염기의 정확한 음화(네가)인 경우에 한정되어 일어난다. 양자는 열쇠와 열쇠 구멍과 같이 꼭 맞지 않으면 안 된다. 이럴 때만 단백질분자의 사슬 중 아미노산의 배열순서가 희망(정보)대로 된다. 리보솜은 합성 중의 단백질분자를 합성이 완료될 때까지 지닌다. 바른 아미노산을 바른 위치로 운반한다는 본래의 역할을 다하면 t-RNA는 떨어져 나가서 다음의 아미노산을 찾아간다. 리보솜이 약 350개의 단백질사슬을 합성하는 데 필요한 시간은 최적 조건에서 약 10초이다. 이 작업이 수만, 수십만의 세포 속에서 동시에 일어나므로 엄청난 효율이라는 것을 이해할 수 있을 것이라고 생각한다.

인슐린, 당뇨병의 특효약

겨우 50년 전만 해도 당뇨병은 불치의 병이었다. 잘 알고 있는 바와 같이 당뇨병에 걸리면 혈액의 당의 농도가 증가해 당이 오줌 속에서 계속 배설된다. 그다음의 연구로 혈액의 농도는 인슐린(Insulin)이라는 호르몬에 의해서 조절되는 것이 알려졌다. 건강한 사람의 혈액의 당의 농도는 거의 일정하지만 인슐린이 결핍되면 혈액의 당의 농도가 매우 상승하고 만약 인슐린을 주사하지 않으면 결국에는 죽음에 이른다. 1924년 반딩과 베스트, 이 두 화학자가 동물의 췌장에서 이 호르몬을 단리하는 데 성공했다. 이 물질이 췌장의 랑게르한스섬(Island of Langerhans)이라는 특별한 곳에서 만들어지므로 그 이름을 따서 인슐린이라 이름 지어졌다고 한다. 구조결정은 당시의 화학 수준으로는 밝혀지지 않았으나 반딩과 베스트의 업적에 의해서 당뇨병의 치료가 가능하게 된 것은 당뇨병환자로서는 실로 복음과 같은 것이었다.

당뇨병환자의 생명을 유지하기 위해서는 매일 1mg의 인슐린이 필요했다. 인슐린의 원료인 동물의 췌장은 풍부했으므로 치료하는 데 부족한 일은 없었으나 인슐린의 단리로부터 구조결정까지는 29년의 세월이 필요했다. 반대로 말하면 인슐린과 같은 복잡한 구조의 물질의 구조결정이 이루어질 수 있도록 화학이라는 학문이 성장하는 데 그만큼의 시간이 걸렸다는 이야기가 된다.

구조결정의 첫걸음은 우선 단백질을 가수분해하여 아미노산을 만드는 것이었다. 이 과정 자체는 매우 간단하여 샘플을 진한 염산 속에서 장시간 끓이면 아미노산과 아미노산을 연결하는 펩티드결합이 끊어진다. 어려운 것은 이렇게 해서 얻은 여러 가지 아미노산의 혼합물을 분리하는 것이다. 이 과정은 꼭 거쳐야 할 단계로 분리하지 않으면 샘플의 단백질이 어떠한 아미노산으로 구성되어 있는지 알 수 없기 때문이다. 처음으로 단백질 구조의 조직적인 연구에 착수한 에밀 피셔(Emil Fischer, 1852~1919)는 아미노산의 혼합물을 메탄올 또는 에탄올로 에스테르화하고 이때 생성된 에스테르를 분별증류에 의해서 분리했다. 이러한 방법은 유감스럽게도 정확한 방법이라고는 할 수 없었다.

아미노산을 정확하게 분리할 수 있게 된 것은 크로마토그래피[2]라는 분리법이 출현하면서부터이다. 이 방법을 사용하면 샘플이 미량이라도 선명하게 분리되므로 단백질의 구조결정이 일보 전진했다. 어쨌든 아미노산성분의 종류와 함유량을 알 수 있게 된 것이다. 그러나 크로마토그래피를 사용해도 단백질분자 내에서 아미노산이 어떠한 순서로 결합하는지는 아미노산의 배열 순서는 알 수 없었다. 단백질분자 내에서의 아미노산의 배열 순서를 조합하는 것이 얼마나 엄청난 것인가는 앞에서 이미 설명했으므로 여기에서는 천문학적 숫자라는 것을 지적하는 것으로 그치겠다.

단백질의 아미노산 시퀀스(배열 순서)를 처음으로 결정한 것은 영국의 화학자 생어(Frederick Sanger, 1918~2013)였다. 그는 인슐린의 아미노산의 배열 순서를 정확하게 결정했다. 그의 위대한 업적으로 1958년 노벨 화학상이 수여되었다.

생어는 인슐린분자가 두 가닥의 단백질사슬로 이루어져 있다는 것과

---

2 **크로마토그래피**: 1906년 러시아의 식물학자 츠벳(M. S. Tsvet, 1872~1919)이 크로마토그래피(Chromatography)에 관한 논문을 처음 발표했을 때는 세계의 주목을 거의 끌지 못했다. 1920년대 와서 독일의 윌슈테트나 제자인 R.쿤이 이 기술을 사용해서 천연의 식물색소를 분리하는 데 성공한 다음부터 보급되었다. 표준적인 조작은 우선 유리관(칼럼)에 분말을 채우고 혼합물의 용액을 칼럼의 위에서부터 흘러내리게 한다. 색소의 용액이면 칼럼의 위에서부터 차례로 색이 다른 층이 몇 개 생기는 것을 관찰할 수 있다. 칼럼에 채운 분말에 흡수되기 쉬운 물질보다 흡수되기 어려운 물질 쪽이 빨리 흘러내림으로 흡수되기 쉬운 물질이 위에, 흡수되기 어려운 물질이 아래에 있게 된다. 이 원리를 이용해서 혼합물을 각 성분으로 분리할 수 있다. 이것이 칼럼 크로마토그래피이다. 분말을 채운 칼럼을 사용하지 않고 여과지를 사용해도 분리된다(종이 크로마토그래피). 아미노산처럼 무색의 물질이라도 적당한 방법으로 뒤에 발색시키면 좋다. 크로마토그래피에 의해서 미량의 아미노산혼합물을 분리할 수 있게 되어 단백질화학의 발전에 크게 기여했다. 칼럼 크로마토그래피나 종이-크로마토그래피 외에 얇은 층-크로마토그래피(TLC), 가스-크로마토그래피, 겔-크로마토그래피(GPC), 액체 크로마토그래피 등이 있다.

한쪽의 A사슬에는 아미노산 21개, 다른 한쪽의 B사슬에는 아미노산 30 개를 함유한다는 것, A사슬과 B사슬은 그 사슬의 중도에 황원자(-S-S-)로 결합되어 있다는 것 등을 밝혀내고 인슐린분자 전체의 아미노산 배열 순서를 정확히 확인했다. 생어는 배열 순서를 결정함에 있어서 우선 단백질 분자의 말단아미노산을 분리하고, 이것이 어느 아미노산인가를 확인(동 정)해 가는 방법을 시도했다.

이 방법에서 단백질분자는 아미노산이 한 개씩 짧아지게 되는데 어떻게 해도 말단뿐만 아니라 분자의 중간에서도 절단이 일어나버려 실용적으로는 문제가 있다는 것을 알게 되었다. 효소를 사용해서 인슐린분자를 몇 개의 짧은 절편(切片)으로 절단, 이 절편의 배열 순서를 말단에서 차례로 확인하여 각각의 절편분자 내의 배열 순서를 알면 이번에는 많은 절편을 그림 맞추기 놀이처럼 조합하여 전체 분자의 배열 순서를 결정했던 것이다. 생어는 이 그림 맞추기를 맞추는 데 10년이나 걸렸다. 오늘날에는 인슐린 이외에도 배열 순서가 정확히 알려져 있는 단백질이 몇 가지 있다.

인슐린의 합성

효소를 만드는 것은 살아 있는 세포의 일 중에서 가장 중요한 역할 중 하나라고 한다. 피셔는 당시 이미 미래에 단백질의 시험관 내에서의 합성이 가능할 것으로 생각하고 있었다. 그러나 이러한 일을 이루기 위해서는 그 나름대로의 지식의 집적이 전제조건이었다. 합성의 경우에도 구조결정의 경우와 마찬가지로 아미노산의 정확한 배열 순서를 아는 것이 필요하다. 아미노산 2개를 결합하는 경우에는 그다지 문제가 되지 않으나 아미노산 3개가 되면 벌써 배열 순서가 다른 여섯 종류의 물질이 생성될 가능성이 생긴다.

작지만 긴 펩티드사슬을 한 걸음 한 걸음 찾아 만들려는 노력을 쌓아가는 연구자들이 많았다. 1954년에 이르러 드디어 미국의 노벨상 수상자 뒤 비뇨(Vincent Du Vigneaud, 1901~1978)는 아미노산 8개로 이루어지는 호르몬, 옥시토신의 합성에 성공했다. 인슐린에 비하면 매우 짧은 분자이지만 합성은 매우 어려워서 특히 두 가닥의 사슬을 특정한 위치에서 결합시키는 단계에서 오랜 답보 상태에 빠지기도 했다. 그러나 행운은 전혀 우연에서 왔는데 우선 두 가닥의 사슬을 따로 따로 합성하고, 다음에 특수한 조건에서 두 가닥의 사슬을 반응시키면 구하는 곳에 −S−S−결합이 만들어지는 것을 알게 되어 옥시토신의 합성에 성공했던 것이다.

인슐린의 합성에서는 거의 같은 시기에 미국과 독일에서 꼭 같은 결과를 얻었다. 피츠버그 대학의 카쵸야니스(Panayotis Katsoyannis)와 아헨 공대의 잔(Helmut Zahn)이다. 이들이 합성한 인슐린은 동물실험에서는 천연의 인슐린과 비슷한 작용을 나타냈으나 천연인슐린과 꼭 같은 효과를 지녔다고는 말할 수 없었다. 천연물과 같은 생리 활성을 나타내는 인슐린의 전합성에 성공한 것은 북경 대학의 연구팀으로 1965년의 일이었다.

지상 최대의 화학회사, 식물

프리스틀리 씨를 괴롭혔던 수수께끼의 촛불

18세기 영국에서 프리스틀리[3]는 중요한 발견을 했다. 그는 촛불을 밀폐된 그릇 속에 넣어 두면 얼마 있다가 그 불꽃이 꺼져버리는 것을 발견했던 것이다. 다시 밀폐된 그릇 속에 쥐를 넣어 두었더니 역시 죽어버리는 것을 알게 되었다. 다음에 쥐가 죽은 그릇 속에 촛불을 넣었더니 이 불꽃마저 꺼져버렸다. 이러한 사실로부터 그는 쥐나 촛불이 공기 중에 함유되어 있는 중요한 성분을 파괴해버리는 것이라고 결론지었다. 그러나 만약 그렇다고 하면 공기는 시시각각 점점 파괴되어 가는데 어떻게 지구상에는 여전히 동물이 생존할 수 있을까.

이러한 의문은 오랫동안 계속 프리스틀리를 괴롭혔다. 그러나 드디어 이 괴로움에서 벗어날 때가 왔다. 프리스틀리는 또 하나 매우 중요한 사

---

3   역자주: 프리스틀리(Joseph Priestley, 1733~1804)는 영국의 신학자, 철학자, 화학자로서 요크셔주의 필드헤드에서 태어났다. 몸이 약해서 집에서 교육을 받았다. 1755년 니드햄 마켓에서 비국교회파 교회의 목사가 되었으나 성공하지 못하고, 화학 실험에 흥미를 느꼈다. 자유주의자로서 프랑스혁명을 지지했기 때문에 박해를 받아 미국 펜실베이니아주의 노섬벌랜드로 이주했다. 1761~1770년 전기에 관한 몇 가지 실험을 했고, 1771~1779년에 산소, 암모니아, 염화수소, 이산화황 등을 발견했다. 특히 산소의 발견은 라부아지에 의 연소설 이론의 확립에 커다란 동기가 되었다. 프리스틀리는 플로지스톤설*의 강력한 신봉자였다.

실을 발견했던 것이다. 그가 남긴 실험 노트에 따르면 그것은 1771년 8월 17일의 일이었다. 그는 촛불이 꺼져버린 다음 그릇 속에 박하의 줄기를 넣었다. 그랬더니 이게 웬일인가 촛불이 다시 타는 것이 아닌가. 10일 뒤에 이 밀폐된 그릇 속에 다시 촛불을 넣었더니 이것도 타는 것이었다. 이 실험으로부터 프리스틀리가 얻은 결론은 「식물은 사용해 버린 공기를 신선한 공기로 재생하는 능력이 있다」라고 하는 매우 논리적인 것이었다. 이것으로 왜 오늘날 지구상에 동물이 살고 여전히 불이라는 것이 존재하는가 하는 프리스틀리의 고민이 한꺼번에 사라졌다. 동물이나 불이 공기 중에서 파괴한 성분을 식물이 재생시켜 준 것이다. [4]

요컨대 프리스틀리는 그가 알고 있었건 모르고 있었건 동물이 살아가는 데 매우 중요한 두 가지 과정을 연결했던 것이다. 그 하나는 산소를 소비하는 호흡이었고 또 다른 하나는 산소를 만드는 광합성이었다.

---

4   역자주: **플로지스톤설(燃素說, Phlogiston Theory)** 베커(J. J. Becher, 1635~1682)는 연소를 설명하기 위해서 물질원소의 하나로 타는 흙이라는 것을 가정했는데 뒤에 슈탈(G. E. Stahl, 1660~1734)은 그 원소에 플로지스톤(그리스어로 불꽃이란 뜻)이라는 이름을 붙였다. 슈탈에 따르면 물질이 탈 때는 그 속에서 플로지스톤이 재빨리 선회운동을 하면서 달아난다고 했다. 플로지스톤을 φ로 나타내고 이 설에 따르면 아연$-\varphi$=아연의 재, 인$-\varphi$=인산과 같이 나타냈다. 이 설은 18세기에 걸쳐 일반적으로 승인되어 쉘레(Karl Wilhelm Scheele, 1742~1786)도 이 설의 강력한 지지자였다.

   프리스틀리는 공기를 플로지스톤화 된 부분과 (Phlogisticated)=공기$+\varphi$ 및 플로지스톤을 제거한 부분(Dephlogisticated)=공기$-\varphi$로 나누었다. 앞의 것이 오늘날의 질소, 뒤의 것이 산소에 해당한다. 18세기 말에 라부아지에에 의해서 새로운 연소이론이 확립되었는데 오늘날 인정되고 있는 바와 같이 호흡이나 그 밖의 일반적인 연소현상은 어떤 물질이 산소와 결합하는 화학반응에 지나지 않는다.

빛, 공기, 물

"사람은 공기만으로 살아갈 수 없다"라는 말은 서양 사람들 입에 잘 오르는 패러디(Parody)이다. 필자가 여러분에게 "당신들의 주식은 물입니다"라고 하면 여러분은 배를 잡고 크게 웃을 것이라 생각된다. 여기에 덧붙여 빛에 영양이 있다고 하면 여러분은 필자도 드디어 머리가 돌았다고 할 것이다. 옳은 이야기라고 하고 싶지만 어쨌든 빛, 공기, 물, 이 세 가지가 우리 생명의 그물인 것이다. 동물이 살아가는 데 있어서 대전제가 되는 것은 가까이에 식물이 있다는 것이다. 식물은 빛의 도움을 받아 공기 중의 이산화탄소와 물로 영양가가 높은 식품인 글루코스(포도당)를 만든다. 이것이 이 책의 첫머리에서도 설명한 광합성이다. 식물이 이렇게 만든 글루코스를 성분으로 한 녹말이나 셀룰로스를 섭취하여 살아가는 것이 동물인 것이다.

식물의 생산 규모는 매우 큰 것이어서 현존하는 어떠한 화학회사도 이에 필적하는 것이 없다. 예컨대 열대의 정글 1㏊(헥터)에서 1년간 만들어 내는 유기물의 양은 59톤이고, 사탕수수밭 1㏊에서는 연간 87톤의 수확이 있다. 이것을 지구 전체에 확장한 어떤 계산에 따르면 지구상의 모든 식물이 만드는 유기물의 양은 연간 약 2~3조 톤에 이르고, 여기에 필요한 공기 중의 이산화탄소의 양은 탄소로 환산해서 연간 약 5천억 톤이라고 한다. 이에 반해 산업용의 에너지원이나 열원으로 쓰이는 탄소의 양은 연간 40억 톤 정도로서 매우 적다. 이렇게 보면 "지상 최대의 화학회사, 식물"이라는 이 항의 제목도 결코 지나친 표현은 아니라고 생각된다.

식물에서 일어나는 이러한 웅대한 화학반응을 알기 위해서는 이상한 비유 같지만 생물의 최소 단위인 세포로 되돌아가지 않으면 안 된다. 세포야말로 광합성의 원점인 것이다. 클로로필(엽록소)을 함유한 하나하나의 세포가 작은 제당공장이다. 이 작은 세포 모두가 생리적으로 가장 중요한 반응, 즉 글루코스를 합성하고 있다. 그 원료는 우리 주위에 있다. 물은 지구상 모든 곳에 있기 마련이고 물이 없는 곳에서는 식물이 자랄 수 없다는 것을 경험상 잘 알고 있다. 고등식물은 뿌리로부터 물을 빨아들여서 세포로 운반한다. 이산화탄소는 공기 중에 함유되어 있다. 단지 0.03% 정도이므로 식물도 다량의 공기를 빨아들이는 것이다. 예컨대 키가 중간쯤인 해바라기는 1시간에 이산화탄소를 탄소로 환산해서 1/4g 정도 흡수하지만 이 정도의 이산화탄소를 함유한 공기의 양은 1,350 ℓ 에 이른다.

에너지의 공급원, 태양광선

광합성은 빛이 없으면 일어나지 않는다. 이러한 사실을 나타내는 간단한 실험을 소개하고자 한다. 물을 담은 물통에 물을 채운 시험관을 거꾸로 세워서 시험관의 밑에 수초(水草)를 놓는다. 햇빛이 수초에 잘 닿도록 놓으면 얼마 안 있어서 수초로부터 방울이 나와서 시험관 속에 들어간다. 그 양이 많아진 다음 조사하면 이 기체가 순수한 산소임을 알 수 있다. 실제로 산소는 광합성의 폐기물인 것이다. 그러나 같은 실험을 암실에서 하면 며칠이 지나도 산소는 발생하지 않는다. 이 실험으로부터 광합성과 태양광선과의 사이에 상관관계가 있다고 결론지을 수 있다. 이러한 관계는 매우 간단해 보인다. 즉 저에너지의 물과 이산화탄소로부터 고에너지의 글루코스가 생성되므로 합성에 에너지가 필요한 것은 당연하며 이 에너지의 공급원이 태양광선이라고 설명할 수 있기 때문이다. 계절에 따라 일조량(日照量)이 다르므로 식물의 성장에도 계절에 따른 차이가 있다.

그러나 어떠한 메커니즘으로 식물이 햇빛을 흡수해서 화학에너지로 변화시키는가라는 점에 이르면 문제가 조금 어려워진다. 오직 식물세포 속 특정한 장소, 즉 엽록체(클로로플라스트)가 열쇠를 쥐고 있다는 것으로 알려져 있다. 특히 엽록체 속에 있는 식물 잎의 녹색의 색소, 즉 엽록소(클로로필)이다. 종이 크로마토그래피를 사용하면 녹색의 식물색소를 몇 가지 성분으로 분리할 수 있다. 이 중에서 가장 중요한 것이 엽록소이다. 광합성을 수행할 수 있는 능력을 지닌 것은 식물의 녹색의 색소성분뿐이다. 도대체 어떻게 해서 녹색의 색소만이 특별한 능력을 구비하는 것일까.

녹색의 엽록소 구조는 이상하게도 혈액의 붉은 색소 헤모글로빈과 매우 비슷하다. 엽록소 용액의 투과광은 녹색이지만 그 층이 두꺼워지면 붉게 보인다. 나뭇잎을 몇 장 겹쳐서 빛에 비추어 보면 붉게 보인다. 그 이유는 색소 성분의 흡수의 세기가 파장에 따라 달라지기 때문이다. 엽록소의 필터에 의해서 여과되고, 투과되어 나오는 것은 백색광 중에서 청색과 적색의 영역이 가장 세다. 잎을 겹쳐서 햇빛에 비추어 보면 암적색이 되는 것도 이것으로 설명할 수 있다.

녹색의 영역의 흡수는 비교적 적고, 장파장 쪽의 적색은 거의 완전하게 투과한다. 그러나 광합성에서 중요한 것은 흡수되는 빛의 파장 쪽이다. 이렇게 흡수된 빛이 엽록소 속에서 복잡한 화학반응을 일으키는데 이 광화학반응은 아직 완전하게 해명되지 않았다. 우선 엽록소가 빛을 흡수해서 고에너지의 들뜬 상태가 된다. 들뜬 상태의 분자는 불안정해서 100만 분의 1초 정도 지나면 다시 본래 상태의 바닥 상태로 되돌아가지만 이와 같은 짧은 시간에 빛에너지가 화학에너지로 변한다.

그러나 빛에너지가 화학에너지로 변하는 메커니즘은 오랫동안 규명되지 않았다.

1954년 아논은 엽록체를 반응성을 상실시키지 않은 채 세포로부터 빼내는 데 성공했다. 엽록체가 세포 외에도 낮은 에너지의 ADP(아데노신-이중인산)로부터 높은 에너지의 ATP(아데노신-삼중인산)를 합성할 수 있는 능력을 가지고 있음을 확인했다. ADP나 ATP도 물질대사에서는 중요한 역할을 하는 물질로서 여기에 관해서는 뒤에서 다루게 될 것이다. 아논은 이러한 실험결과를 더 발전시켜 다음과 같은 가설을 제창했다. 즉 빛을 흡수해서 들뜬 색소의 분자는 전자 1개를 방출, 이 높은 에너지 전자가 몇 개의 물질에 차례로 이동하여 에너지를 방출, 이 에너지의 일부가 ATP의 합성에 쓰인다. 이리하여 처음의 에너지 상태로 되돌아 온 전자는 또한 본래의 색소의 위치로 돌아간다고 그는 생각했던 것이다. 이 가설에 기초해서 그는 실험을 거듭하여 광합성 중의 「빛을 포착하는」 메커니즘을 해명했다.

그러나 물이 분해하여 생성되는 유리 상태의 산소가 탄소로 이동하고 더욱이 어떻게 해서 최후에 글루코스가 만들어지는가는 여전히 설명할 수 없었다. 당시 이미 NADP라는 조효소가 식물의 동화작용에서 중요한 역할을 한다는 것이 알려져 있었으므로 이 NADP가 물로부터 유리되는 수소를 받아서 탄산가스에 넘기는 가능성도 생각하고 있었다. 그러나 무엇보다도 물이 어떠한 과정을 거쳐서 분해되는가 하는 근본적인 문제는 여러 분야의 연구팀이 열심히 연구했음에도 불구하고 여전히 수수께끼에 싸여 있었다.

방사성동위원소 ^{14}C에 의한 광합성의 연구

1843년 리비히는 이산화탄소를 환원하면 당이 된다는 이론을 발표했으나 구체적으로 어떠한 방법으로 환원하면 좋은지 오랫동안 알 수 없었다. 단지 광합성의 전체 반응식만은 분명히 밝혀져 있었다.

$$6CO_2 + 12H_2O \xrightarrow{빛} C_6H_{12}O_6 + 6H_2O$$

1905년에는 광합성에서 일어나는 것은 빛에 의해서 개시되는 반응뿐이고 그 밖의 반응은 일어나지 않을 것이라고 생각하게 되었다. 그러나 빛과 관계가 없는 반응의 존재가 무시된 것은 아니었다.

이 문제에 관해서 결론을 얻은 것은 35년이 지난 뒤의 일이다. 빛이 있는 곳에서도, 어두운 곳에서도 유기물이 만들어진다는 것은 확인된 것이다. 단지 식물을 3시간 이상 어두운 곳에 두면 글루코스를 합성하는 능력을 상실하기 때문에 빛에너지는 세포 속에 어떠한 모양으로 축적된 다

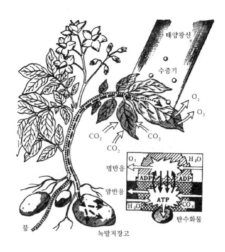

광합성과 감자

음 동화작용에 쓰이지만 에너지를 저장해 둔 창고가 비교적 크지 않으므로 수시로 보급하지 않으면 비어 있게 된다고 결론지었다.[5]

지금까지의 사실을 종합하면 빛에너지는 ATP의 모양으로 축적되어 필요에 따라 ADP로 분해한다. 이때 방출되는 화학에너지가 글루코스의

5 **광합성 반응의 연구법:** 광합성의 연구는 1920년쯤부터 수초, 특히 단세포의 조류(薄類) 클로렐라를 사용해서 추진되었다. 클로렐라는 환경의 변화에 강해서 여러 가지로 조건을 바꿀 수 있으므로 실험재료로 매우 적합하다. 보통 간단한 유리그릇에 물과 클로렐라를 넣고 이산화탄소를 섞은 공기를 물에 불어 넣기만 하면 된다. 방사성동위원소 ^{14}C는 탄산수소염($-HCO_3$)의 모양으로 가하면 이산화탄소와 물로 분해되므로 안성맞춤이다. 어느 물질 속에 ^{14}C가 들어갔는가를 알고 싶을 때는 클로렐라를 배지채 알코올 속에 넣으면 세포는 죽으므로 세포의 추출물을 종이-크로마토그래피로 처리하여 그 성분으로 분리한다. 이 시험지를 본문에서 설명한 오토래디오그래피에 넣으면 ^{14}C를 함유한 화합물이 어느 것인가를 알 수 있으므로 이것을 추출하여 화학 분석하면 확인된다. 이렇게 해서 캘빈 회로가 발견된 것이다.

합성에 쓰이게 되어 빛에너지의 축적에 관한 수수께끼는 풀린 셈이다.

다음으로 광합성의 반응중간체를 포착하는 일인데 이것에 유효했던 것은 방사성동위원소(Isotope)의 ^{14}C였다. 방사능이나 동위원소에 관해서는 이 책의 앞부분에서 설명했는데 보통의 탄소 ^{12}C에 비해서 ^{14}C는 방사성을 지니며 반감기도 비교적 길다. 미국의 캘빈(Melvin Calvin, 1911~1997)과 벤슨은 ^{14}C를 함유한 이산화탄소를 사용하여 많은 중간체로부터 우선 포스포-글리세르산을 단리하는 데 성공했다. 그 밖의 중간체의 분리는 양이 적다는 면도 있어서 곤란했다. 마침 이 시기인 1948년 종이 크로마토그래피를 이용한 아미노산의 분리에 관한 논문이 발표되었다. 캘빈과 벤슨은 이 새로운 기술의 유용성에 눈을 돌려 곧 자기들의 연구에 도입했다.

그들은 오토래디오그래피(Autoradiography)라는 매우 독특한 크로마토그래피를 개발하여 광합성 중간체의 분리에 사용했다. 종이 크로마토그래피를 사용한 시험지를 X선 필름 위에 놓고 ^{14}C의 방사능에 의해서 감광된 필름을 자동적으로 측정해서 곧 시험지로부터 목적물을 채취하여 화학 분석한다. 이러한 방법이면 종이 크로마토그래피의 결과를 1분 뒤에 알 수 있다고 한다. 이렇게 10년에 걸친 연구의 결과를 통해 캘빈 등은 광합성에 있어서 이산화탄소의 동화과정의 전 중간체를 확인했다(캘빈 회로). 이 위대한 업적으로 캘빈은 1961년에 노벨상을 수상했다.

음식물

세포 속의 화학과 실험실의 화학

식물이 없으면 인간을 포함해서 동물은 생존할 수 없다. 식물과 동물의 다른 점은 결국 유기물을 만들 수 있는가의 여부에 달려 있다고 생각된다. 식물에는 광합성에 의해서 무기물로부터 유기물을 만드는 능력이 있지만 동물에게는 이것이 없다. 따라서 동물은 영양, 즉 유기물을 외부로부터 섭취하지 않으면 살 수 없으므로 어쨌든 식물로부터 영양을 공급받는다.

세포 속에서의 화학반응과 화학공장에서의 화학 과정 사이에는 차이가 있다. 생체반응 쪽이 더 기묘하고 더 복잡하다. 공장에서는 극단적으로 좋은 방법, 말하자면 채산만 맞으면 할 수 있는 것은 어느 것이나 에너지원으로 쓰이지만 인간이건, 동물이건 생체 내에서는 에너지원도 반응에 관여하는 물질도 과민할 만큼 엄밀하게 선택한다. 식품을 예로 들더라도 인간의 식품은 탄수화물, 단백질, 지방의 세 종류를 들 수 있다.[6]

---

6   **탄수화물, 단백질, 지방:** 탄수화물은 곧은 사슬의 탄소골격에 수산기(-OH) 외에 알데히드기(-CHO) 또는 카르보닐기(>C=O)가 결합되어 있는 유기화합물로서 일반식 $C_n(H_2O)_n$가 마치 탄소와 물의 화합물 모양이므로 탄수화물이라는 이름이 붙었다. 대표적인 것이 글루코스나 설탕(수크로스)이다. 녹말이나 셀룰로스도

소화, 음식물의 분해

우리가 섭취한 음식물은 본 모양을 유지한 채로는 영양이 되지 않는다. 우선 물에 녹을 수 있는 모양으로 바뀌고, 세포벽을 통과할 수 있게끔 되어서 세포 속에 들어가 비로소 영양이 된다. 그런데 대부분의 음식물은 물에 녹지 않는다. 지방도 그렇고 대부분의 탄수화물도 마찬가지이다. 더욱이 탄수화물과 같은 커다란 분자는 세포벽을 통과할 수 없다. 따라서 섭취된 음식물은 체내에서 분해되지 않으면 안 된다. 이러한 역할을 하는 것이 소화기관인데 음식물은 위나 장 등에서 소화, 즉 장벽에서 흡수되어 혈액 속에 들어갈 수 있을 만큼의 크기로 분해된다.

실험실에서 단백질이나 녹말을 분해하는 것은 그다지 어렵지 않다. 녹말에 묽은 산을 가한 다음 끓이면 짧은 시간에 분해되어 글루코스를 얻는다. 단백질도 산성으로 오랜 시간 가열하면 아미노산으로 분해된다. 지방도 비누 항목에서 설명한 바와 같이 알칼리용액 속에서 끓이면 지방산과 글리세린으로 분해된다.

물론 체내에서는 이러한 격렬한 조건에서 분해반응이 일어나지 않는다. 음식물에 앞서 소화기관이 분해될 것이다. 소화가 일어나는 온도는

글루코스 단위가 선 모양으로 연결된 폴리머로 역시 탄수화물에 속한다. 동물체 내에 있는 글리코겐도 녹말과 비슷한 구조의 탄수화물이다.

단백질은 프로틴(Protein)이라고도 하며 앞 장에서 설명한 바와 같이 많은 아미노산이 펩티드결합으로 연결된 선 모양의 거대분자이다.

지방은 탄수화물이나 단백질에 비해서 그 구조가 매우 간단하여 지방산의 글리세린 에스테르이다. 동식물의 에너지는 지방의 모양으로 축적되는 경우가 많다.

인간과 동물과는 차이가 있긴 하지만 35~45℃이다. 이 온도는 화학반응의 온도로는 낮은 범위에 속한다. 또한 생체 내의 반응은 용매가 물뿐이라는 점, 효소라는 촉매가 작용하고 있다는 점 등이 특수하다. 효소에 관해서는 뒤의 장에서 자세히 설명하기로 한다.

식품의 화학

이 책의 맨 앞에서 우주선의 승무원이 정제를 먹으면서 식사를 하는 SF소설과 같은 장면을 보았던 것을 여러분은 기억할 것이다. 우리 인간은 앞에서 설명한 바와 같이 세 종류의 영양분을 외부에서 섭취하지 않으면 살아갈 수 없으므로 정제만으로 필요한 영양분을 섭취하려면 적어도 1,000정은 먹어야 된다는 것이다. 이렇게 되면 먹거나 마시거나 하는 낙은 도대체 어떻게 되는 것인가? 미식가인 프랑스인이나 이탈리아인이 아니라 해도 뭐 이렇게 재미없는 인생인가 하고 한탄하지 않을 수 없을 것이다. 따라서(?) 화학자가 해야 될 일은 인공식을 만드는 것이 아니라 오늘날 있는 식품의 개선이나 보존성의 향상, 그 밖의 식량의 증산에 기여하는 데 있을 것이다.

이러한 목적을 이루는 데는 무엇보다도 화학비료의 증산이 중요하다. 오늘날 화학비료를 사용하지 않으면 인류가 기아에 허덕일 것은 분명한 일이다. 공업국에서는 어느 나라이건 비료를 사용함으로써 3~4배의 수확을 올리고 있다. 앞으로 개발도상국의 식량 사정을 개선하기 위해서는 비료의 수요가 상승할 것이 명백하다. 더욱이 여러 가지 농약, 구충제 등이 보다 더 많이 필요할 것이다. 또한 토양개량제 등도 화학이 공헌할 수 있는 분야이며 이에 수반해서 사막의 녹화 등도 화학이 적극적으로 기여할 문제가 아닐까?

그런데 천연물과 같은 맛을 지닌 합성식품의 제조에는 문제가 많다.

지방의 경우에는 비교적 구조가 간단하므로 아직 기회는 있다. 즉 합성지방산과 합성글리세린으로부터 만들기 때문이다. 그러나 탄수화물에 이르면 지방과는 비교할 수 없을 만큼 그 구조가 복잡하므로 가까운 장래에 경쟁력이 있는 값으로 합성할 수 있는 전망은 섭섭하게도 아직 없다. 아마도 셀룰로스 등을 의료품으로서만이 아니라 식품으로서의 유효 이용을 고려하는 편이 현명한 것인지 모르겠다.

단백질의 합성에 이르면 오늘날 아직 그 종류나 양이 매우 한정되어 있다. 이 단백질도 역시 가까운 장래에 양적으로 식품이 될 수 있을 만큼의 수준으로 끌어올려서 경쟁력이 되는 값으로 시장에 내보내기는 우선 불가능할 것이다.

다만 앞에서 설명한 석유단백질 등에는 기회가 있다고 생각한다. 단백질의 합성에는 특히 앞에서 설명한 인슐린과 같은 의료효과가 있는 것이, 말하자면 파인-케미칼(정밀화학제품)로서 장래성이 있을 것이다.

생명과 호흡

　세계 최초로 1마일, 4분의 벽을 깨뜨린 영국의 배니스터 박사를 비롯해서 스포츠와 관계된 의사 중에는 1968년의 멕시코 올림픽대회 때 연습 중이나 경기 중에 호흡 마비를 일으켜 사망하는 사고가 일어나지 않을까 매우 걱정하는 사람들이 많았다. 그것은 해발고도가 높아서 공기가 희박했기 때문이었다. 다행히도 걱정했던 사고는 하나도 일어나지 않았지만 여러분 중에는 보통의 경기장에서 중거리경주나 레가타 경기에서 선수가 골인 직후에 실신하는 장면을 텔레비전 중계 등을 통해 본 사람들이 많을 것이라 생각된다. 그들은 지니고 있던 힘을 모두 빼 버렸던 것이다. 그러나 다른 한편에서는 42,195㎞라는 살인적인 거리를 주파하고도 피로에 지치지 않은 것 같은 얼굴을 한 마라톤 주자도 있다. 도대체 이러한 모순은 어떻게 해서 일어나는 것일까?

　운동은 근육의 힘으로 하는 것이다. 근육은 어쨌든 복잡한 메커니즘을 지니지만, 요컨대 에너지를 공급하는 물질, 즉 연료가 연소해서 방출하는 에너지가 동력이 되고 있다. 연소에는 산소가 필요하여 우리들의 호흡에 의해서 공기 중의 산소를 공급받고 있다. 운동하면 근육의 산소 소비량이 급격히 증가한다. 예컨대 전속력으로 오랫동안 달리면, 호흡을 훌륭히 할 수 있다는 기술적인 방법으로서는 산소의 부족을 보충할 수 없게 된다.

단거리 주자의 경우에는 완전히 달린 다음의 산소 부족을 세찬 호흡으로 보충한다. 마라톤을 포함해서 장거리 주자의 경우에는 필요한 산소는 달리는 사이에 호흡으로 충분히 처리할 수 있다.

산소의 소비량과 공급량의 밸런스가 이루어져 있기 때문이다. 물론 이것은 충분한 훈련을 쌓은 주자의 경우에 한해서이다.

중거리나 레가타에서는 단거리경주 때와 같은 산소 부족현상이 경주 중에 계속되기 때문에 호흡으로 보충되지 않는 극한상황에 이르러 골인 직후에 졸도하거나 실신하게 된다. 결국 멕시코대회의 육상경기에서 좋은 성적을 올린 것은 역시 에티오피아나 케냐와 같은 고지대의 주자였다. 그들은 항상 산소가 희박한 곳에서 생활하므로 혈액의 산소운반능력이 저지대의 사람들보다 우수하기 때문이다. 따라서 육상경기의 선수들은 경기대회 직전에 충분히 높은 곳에서 연습하면 좋은 성적을 올릴 것으로 생각되는데 사실 어떨까. 스포츠의학이나 육상경기의 전문가의 의견을 꼭 듣고 싶다.

산소의 운반처, 헤모글로빈

우리가 몸을 움직일 때 필요한 에너지는 근육 속에서 만들어낸다. 따라서 근육 속에서 연소, 즉 산화반응이 일어난다. 이 연소에 필요한 산소는 폐 속의 공기(호흡에 의해서 빨아들인 공기)로부터 흡수되어 혈액에 의해서 근육에 운반된다. 그러나 혈액 속에 녹아 있는 산소의 양은 1ℓ 당 최고

3 ℓ 정도이므로 이렇게 되면 조금 몸집이 큰 동물은 살아갈 수 없다. 그런데 혈액 1 ℓ 가 흡수할 수 있는 산소의 양은 물 1 ℓ 가 운반할 수 있는 산소량의 약 70배라고 알려져 있다. 혈액에 이와 같은 산소를 흡수할 수 있는 능력이 있는 것은 혈액 속 적혈구의 주성분인 헤모글로빈의 특수한 성질에 의한 것이다.

1,000분의 6㎜ 정도의 작은 입자인 적혈구 1개에는 약 2억 8000만 개의 헤모글로빈입자가 함유되어 있다. 헤모글로빈에는 두 가지 역할이 있는데 그 하나는 산소를 세포에 운반하는 것이고, 다른 하나는 연소에 의해서 생성되는 이산화탄소를 세포로부터 운반해 나오는 것이다.

당연한 일이지만 이러한 호흡에 있어서 매우 중요한 물질은 많은 생화학자의 연구대상이 되었고, 드디어 글로빈이라는 단백질과 헴(heme)이라는 엽록소(클로로필)와 그 구조가 비슷한 색소의 두 성분으로 구성되어 있음이 확인되었다. 헴과 엽록소의 차이는 중앙의 금속만으로 헴에는 철이 함유되어 있다. 1930년 독일의 한스 피셔(Hans Fischer, 1881~1945)는 헴의 합성에 성공하여 노벨상을 수상했다. 글로빈의 입체구조는 매우 복잡하지만 영국의 생화학자 페루츠(Max Ferdinand Perutz, 1914~2002)는 오랫동안의 연구 결과 드디어 입체구조를 결정해서 1962년에 노벨상을 받았다.

여기에서 페루츠의 고백에 귀를 기울여 보자.

"……헤모글로빈의 역할은 조금씩 알려져 왔으나 화학적인 측면에서는 수수께끼에 둘러싸여 있었다. 1,000개의 원자로 이루어진 거대한 분자가 도대체 어떠한 기능을 지니는 것일까. 기존의 분자에서는 어떠한 암

시도 받을 수 없었다. 그러나 나는 대학원생 시절부터 이 테마에 매력을 갖게 되었다. 그리하여 헤모글로빈의 기능을 이해하는 데는 무엇보다도 그 구조결정이 선결문제라 생각했다. 그런데 이것 때문에 33년이라는 세월을 보낼 것이라고는 꿈에도 생각하지 않았다…."

그는 헤모글로빈의 구조결정에 x선회절이라는 물리적 방법을 도입했다. 33년 중에서 15년은 단백질과 같은 거대분자에 x선회절을 응용하려면 어떻게 하는 것이 좋을까라는 문제의 해결을 추구했으며 이것으로부터 본래의 구조해석에 몰두했다고 한다.

그렇다면 헤모글로빈은 어떠한 구조를 지니는 것일까? 헤모글로빈은 4개의 소단위로 이루어진 전체로는 구에 가까운 실 모양의 거대분자로 그 크기는 대개 $65 \times 55 \times 50$옹스트롬(Å, 1Å=1억 분의 1cm)이다. 4개의 소단위는 두 가닥씩 같은 단백질의 사슬로서 이 단백질사슬이 일정한 모양으로 헴분자 주위를 중첩하는 것처럼 둘러싸고 있다. 헴의 중심에는 철원자가 있고 헴은 단백질의 한쪽 끝에 결합되어 있으며 또 한쪽 끝에는 산소가 들어와서 결합할 수 있는 모양을 지니고 있다.

근육운동의 에너지원, ATP

여러분들도 겨울철 추위에 부들부들 떨었던 경험이 있을 것이다. 이것은 생리적으로 보면 매우 정상적인 현상이다. 근육 속에서 만들어지는 에너지의 2/3가 열에너지이므로 "추위에 떨다"라는 근육 운동에 의해서 생

ADP

(A 아데노신성분 P 인산성분)

ATP

기는 열이 추위를 견디어내는 것이다. 격렬하게 운동하면 땀이 나오는 현상도 마찬가지로서 발한에 의해서 우리들의 체온이 일정한 온도 이상으로 올라가지 않도록 조절하는 것이다.

그렇다면 근육운동을 할 때 왜 에너지가 방출되는 것일까. 에너지의 공급원에는 광합성의 항에서 다룬 ATP 이외에 인산-크레아틴, 글루코스 등이 있다. 그러나 근육운동의 직접적인 에너지원은 역시 ATP(아데노신-삼중인산)로서 ADP(아데노신-이중인산)와 인산으로 분해할 때 에너지를 방출한다. 이 에너지가 근육의 신축에 쓰이는 것이다. 아직 상세한 메커니즘에 관해서는 명확하지 않은 점이 있으나 현재의 정설을 기초로 해서 설명하고자 한다.

마비된 근육 속에서 ATP의 분해는 저해물질의 작용으로 방해를 받아서 일어나지 않는다. 잘 알고 있는 바와 같이 근육의 수축은 중추신경계통으로부터 신호를 받아서 일어나는데 이 신호가 근육 속에 소포체(小胞體)라는 작은 방울 모양의 조직 속에 칼슘이온을 방출시키고 이 칼슘이온이 저해물질을 비활성화시켜 버린다.

이 결과 ATP가 ADP로 분해되어 에너지를 방출한다. 근육이 수축할 때 화학적으로 보아 어떠한 과정이 일어나는가는 아직 완전하게 알려져 있지 않지만 수축하는 양상을 전자현미경으로 관찰할 수는 있다. 전자현미경으로 보면 수축된 근육에서는 띠 모양의 조직(필라멘트라 부른다)이 서로 얽히고 중첩되어 근육이 짧게 되어 있다.

ATP의 분해 때문에 생성되는 에너지에 의해서 이와 같이 얽힌 필라멘트가 풀려서 본래 상태로 되돌아간다. 이러한 관계를 「화학적인 톱니바퀴」에 비유하는 사람도 있으나 이러한 비유는 초보자의 이해는 도울 수 있지만 그리 좋은 표현은 아니다.

근육운동의 에너지

여기에서 물질대사(메타볼리즘)에 관해서 조금 언급하기로 하자. 근육 속에서 분해된 ATP는 재생되고 순환되어 사용된다. 물론 원료는 분해생성물인 ADP와 인산으로 반응에 필요한 에너지는 인산-크레아틴에서 얻는다. 인산-크레아틴 자체도 ATP 재생반응에서 분해되지만 외부로부터 에너지를 얻어서 재생되어 순환 사용된다. 이 에너지공급원은 두 가지가 있다. 하나는 산소에 의한 음식물의 산화이고, 또 다른 하나는 글루코스가 무산소 상태에서 분해되어 젖산으로 변화하는 혐기적인 해당(글리콜리시스, glycolysis)계이다. 앞의 것의 가장 간단한 보기가 산소 존재 하에서의 글루코스의 단계적인 분해로서 에너지 방출반응이다. 뒤의 것은 혐기적인 해당계로서 글루코스는 일련의 반응을 거쳐서 피루브산으로부터 초산이 된다. 생성된 초산은 TCA회로(일명 시트르산회로)에 원료로 들어가서 최

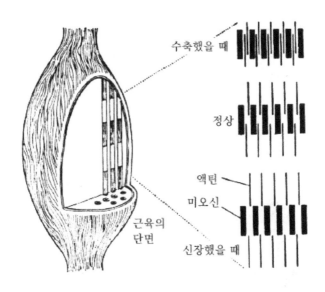

수축했을 때

정상

액틴
미오신

근육의
단면

신장했을 때

근육이 신축할 때의 에너지원은 ATP

종적으로는 이산화탄소가 된다. 회로의 도중에 생성되는 수소는 이른바 호흡연쇄에 들어가서 산소와 반응하여 최종적으로는 물이 된다.

TCA회로나 호흡연쇄나 모두 에너지 방출반응이다. 더욱이 산소 존재 하의 글루코스의 분해는 매우 느린 반응이므로 효율이 좋게 반응이 진행된 경우에도 짧은 시간에는 지니는 에너지를 방출할 수 없게 된다. 따라서 혐기적인 해당 반응과 연결되어 최종적으로는 젖산으로 변한다.

앞에서 글루코스의 혐기적인 해당계와 TCA회로(시트르산회로)를 나타내 다음에 설명하게 될 단백질 및 지방과도 연관을 지었다.

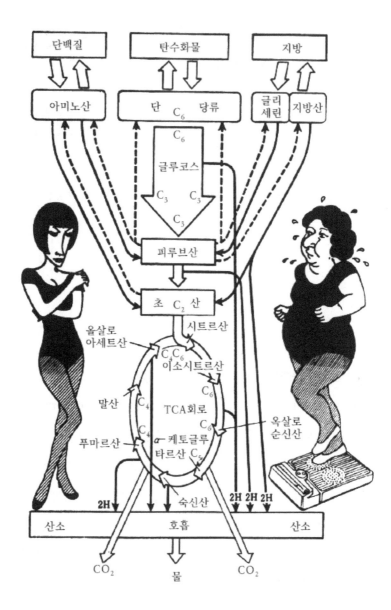

식물과 영양

지나친 당분섭취와 체중

물이 없으면 사람은 2~3일밖에 살 수 없으나 음식물은 없어도 몇 주일간 살아갈 수 있다. 그러나 단식 중에도 뇌세포에는 끊임없이 여러 가지 영양물이 보내지고 있다. 첫째로 글루코스다. 외부로부터 탄수화물을 충분히 섭취할 수 없을 때는 간장 속에 저장된 글리코겐이 분해되어 글루코스를 혈액으로 보낸다.

그러나 글리코겐의 저장량은 그만큼 많지 않다. 고작 1일분 정도의 양이다. 기아 상태가 계속되면 물질대사의 밸런스가 깨진다. 이렇게 되면 우리 몸은 단백질을 분해하여 당분으로 변화시킨다. 간장과 신장 속에서 단백질의 구성성분인 아미노산을 분해하여 가장 간단한 아미노산인 글리신(H_2N-CH_2-COOH)을 거쳐 글루코스로 변한다. 이 반응에서 가장 중요한 중간체는 피루브산($CH_3-(CO)-COOH$)으로서 글루코스의 해당계로부터도 얻는다.

이렇게 말해도 우리 몸은 3주일 이상은 단백질 분해만으로 살아갈 수 없다. 몸속의 질소분이 지나치게 적어져 버리기 때문이다. 이러한 시점에서 등장하는 것이 지방이다. 그러나 지방 1g이 방출하는 에너지는 약 9cal, 단백질, 탄수화물(당분)은 꼭 같이 1g당 약 4cal이므로 지방이 개입한 다음부터는 체중이 감소되는 정도가 느려지게 마련이다.

보통 지나치게 먹으면 체중이 늘어난다. 단식이나 기아 상태의 역반응이 일어나기 때문이다. 탄수화물은 대부분 곧 소비되어 필요 이상의 여분이 지방으로 축적된다. 지방이 단백질로 변하려면 질소분이 충분히 있어야 한다. 우리들의 몸에는 섭취한 음식물을 분해하여 에너지로 변화시킬 뿐만 아니라, 일정한 범위 내에서 여러 가지 영양소로 서로 변환시킬 수 있는 능력이 구비되어 있다. 이러한 현상은 탄수화물, 단백질, 지방의 세 영양소가 분해할 때나 체내에서 재생할 때도 피루브산이라든가 초산 등 공통되는 중간체를 거치게 되기 때문이다.

효소, 생체촉매

간단한 실험에서 효소작용의 미묘한 현상을 관찰할 수 있다. 물에 끓인 물고기를 시험관에 한 조각 넣고 단백질가수분해효소 펩신의 묽은 용액을 가한 다음 방치해 둔다. 그러나 며칠이 지나도 박테리아의 영향으로 용액이 약간 흐려질 뿐 어육에는 거의 변화가 일어나지 않는다. 그런데 여기에 염산을 2~3방울 떨어뜨리면 어육은 분해되기 시작하여 드디어 전부 녹아버린다. 펩신은 본래 위 속에 있어서 산성에서 효력을 발휘하는 효소로 단백질을 가수분해시켜 아미노산으로 변화시키는 작용을 한다. 따라서 빵이나 버터를 재료로 같은 실험을 해도 변화가 전혀 일어나지 않는다. 이와 같이 효소는 특정한 물질에만 작용한다—말하자면 기질을 선택하는 것이다—. 이러한 성질을 전문용어로는 기질특이성(基質特異性)이라 한다. 또한 효소는 기질에 비해서 매우 소량만 있으면 되는 생체반응의 촉매인 것이다. 더욱이 펩신의 경우와 같이 단백질의 가수분해반응 등 특정한 반응만을 일으키는 성질을 효소의 반응특이성(反應特異性)이라 한다.

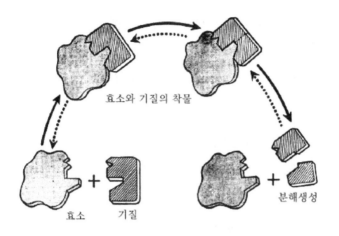

효소와 기질의 착물

효소   기질

분해생성

효소의 작용을 나타낸 열쇠와 열쇠 구멍의 모델

따라서 효소는 기질특이성과 반응특이성을 지닌 생체촉매라 할 수 있다.

펩신을 비롯해서 여러 가지 촉매의 성질이 매우 자세히 알려져 있으나 효소의 작용 메커니즘에 관해서는 아직 명확하지 않은 점이 많다. 초기로부터 널리 인정되었던 것은 소위 「열쇠와 열쇠구멍 모델」이다. 이 가설을 모형 식으로 표시하면 위의 그림과 같다.

효소에는 활성중심(열쇠)이 있어서 이 활성중심이 효소반응에 관여하는 물질(기질)의 특정한 부분(열쇠 구멍)에 작용하여 반응이 일어난다. 기질을 선택하는 것은 열쇠에 맞는 열쇠 구멍이라는 것으로 기질특이성도 설명된다. 또한 열쇠를 여는 방법도 열쇠와 열쇠 구멍의 조합에 의해서 특정한 여는 방법이 있다고 보면 반응특이성을 이해할 수 있다. 반응이 끝나면 열쇠(효소)는 떨어져서 다음 열쇠 구멍으로 옮겨간다. 즉 촉매인 것이다. 효소의 주성분은 단백질로서 우리 몸속의 세포는 1,000종 정도의 효소를 만들 수 있는 능력이 있을 것이라고 추정되나, 현재까지 알려진 것은 150종 정도이다. 대부분의 중독은 그 원인이 되는 물질이 효소를 비활성화시켜서 생명을 유지하는 데 중요한 반응이 일어나지 않기 때문에 발생된다고 한다. 또한 페닐케톤 요독증(尿毒症)과 같이 특정한 효소가 결핍됨으로써 일어나는 질병도 몇 가지 있다. 생체반응은 대부분 0~40℃라는 화학반응 온도로서는 낮은 온도에서 일어나지만 이것도 효소라는 생체촉매가 반응을 가속화하기 때문이다.

당근과 야맹증

　야맹증(夜盲症)은 인류에게 있어서 가장 오래된 병 중의 하나라 해도 과언이 아닐 것이다. 야맹증이라는 것은 글자 그대로 저녁이나 밤이 되면 시력이 떨어지거나 눈이 보이지 않는 병이다. 고대 이집트인은 야맹증의 치료법도 알고 있었던 것 같은데 종이의 원조 파피루스를 사용한 고문서(古文書)에는 동물의 간을 날것으로 먹으면 좋다고 씌여 있다. 금세기에 와서 동물의 간이나 생선의 간유가 효험이 있는 것은 그 속에 비타민A가 함유되어 있기 때문임이 밝혀졌다. 당근도 효력이 있다. 황색이나 적색의 식물에 함유되어 있는 카로테노이드라는 색소의 일종인 카로틴은 비타민A의 한 단계의 앞의 물질(前驅物質)이다. 카로틴은 체내에서 분해되어 꼭 그 절반이 비타민A로 변한다. 따라서 카로틴은 프로비타민 A(Provitamin A)라 불린다.

　시각과 비타민A의 관계를 분명히 한 사람은 미국의 윌드[7](G. Wald,

7　조지 월드(George Wald)는 미국의 생리학자로서 뉴욕시에서 태어났고, 뉴욕 대학을 졸업 후 콜롬비아 대학원에서 동물학을 전공했다. 하버드 대학 생화학과 강사, 준교수를 거쳐 생물학 교수가 되었다. 바르부르크(Warburg) 밑에서 1932년 비타민A가 망막 내에 존재한다는 것을 발견했고, 시물질(視物質)의 광화학적 연구에 몰두하여 로돕신-레티넨₁-비타민A₁, 포르피롭신-레티넨₂-비타민A₂의 관계를 밝혔다. 이러한 연구업적으로 1967년에 그라니트(R. A. Granit)와 하틀라인(H. K. Hartline)과 공동으로 노벨생리의학상을 받았다.

1906~1997)였다. 그는 이 업적으로 1967년 노벨상을 수상했다. 그는 망막 세포 중 색소단백질인 로돕신(Rhodopsin)이 야맹증과 밀접한 관계가 있다는 것을 밝혔다. 즉 적자색의 로돕신은 알데히드형 비타민A의 일종인 네오레티나b와 옵신(Opsin)이라고 하는 단백질의 두 성분으로 되어 있으나 로돕신이 빛을 흡수하면 로돕신분자는 분해되어 본래의 네오레티나b와 옵신이 된다. 이것은 네오레티나b가 보다 더 안정한 전트랜스형의 전트랜스-레티날(vitamin A_1 aldehyde)로 변화하기 때문이다. 네오레티나b와 비타민A_1 알데히드는 분자식이 같으나 입체구조가 다른 입체 이성질체이다. 이러한 입체구조의 변화로 인해 로돕신의 색은 적자색에서 황색으로 변해버린다. 따라서 이 반응을 색의 변화로 추적할 수 있다.

빛은 전트랜스형의 비타민A_1 알데히드가 생성되는 입체구조의 변화를 개시시키는 역할을 한다. 이러한 현상의 직접적인 결과가 로돕신분자의 분해로서 나타나는데 네오레티나b의 입체구조가 전트랜스형으로 변화되기 때문에 입체장해를 일으켜서 옵신의 결합은 절단되어 버린다. 그러나 곧바로 로돕신이 재생되지 않으면 우리의 눈은 볼 수 없게 되어 버린다. 우리 눈에는 규칙적으로 재생의 조작이 들어 있어서 전트랜스형의 비타민[8]A_1 알데히드는 곧바로 네오레티나b로 되돌아간다.

---

8 **비타민:** 비타민이란 우리 인간을 포함해서 동물의 성장과 생명 유지에 없어서는 안 될 미량영양소를 말한다. 1910년 일본의 스즈키(鈴木梅太郞)와 영국의 풍크(Casimir Funk, 1884~1967)는 독립적으로 서로 전후해서 쌀겨, 즉 미강(米糠)으로부터 오리자닌을 추출했으나, 풍크는 다른데도 미량 필수영양소가 있다는 것을 생각하여 비타민이라 이름 부르기를 제안했다. 오리자닌이 염기성 물질이므로 생활 활성을 지닌 아민이라 이름 지었다고 전해진다. 그러나 화학적으로 보면 구조는 각양각색으로서 염기성 물질에 한정되지 않고

이 재생반응에는 명반응(明反應)과 암반응(暗反應)이 있다. 암반응은 효소의 존재 하에 일어나서 네오레티나b와 옵신이 재결합한다. 그러나 전 트랜스형의 비타민A₁ 알데히드는 대부분 효소에 의해서 무산소 상태에서 비타민A로 변한다(명반응). 따라서 명반응은 물질대사와 연관되어 진행된다. 생성된 비타민A는 혈액 중에 방출되어 운반 제거되고 필요에 따라서 혈액이 운반해 와서 보급하게 된다. 비타민A가 반대로 효소의 작용으로 네오레티나b로 변화되고 다시 옵신과 반응해서 로돕신을 생성할 때도 있다. 망막 즉 눈에 있어서 비타민A가 중요한 것은 아마 이러한 반응 쪽인데 비타민A가 충분하지 않으면 네오레티나b 즉 로돕신이 부족해서 망막 세포가 그 기능을 충분히 발휘할 수 없어서 야맹증에 걸린다.

그런데 비타민A가 들어 있지 않은 음식물을 주어서 실험하면 2~3일 만에 야맹증에 걸리는 사람과 2~3개월이 지나야 야맹증에 걸리는 사람이 있다. 이것은 아마도 간에 비타민A를 저장하는 능력에 개인차가 있기 때문인 것 같다.

산성 물질도 있어서 비타민이라 통틀어 부르기에는 무리가 있다. 비타민의 효과도 조효소로서 작용하는 경우도 있고, 물질대사계의 특정한 반응에 직접 들어가서 반응하는 경우도 있어서 그 종류가 다양하다. 그러나 비타민에 공통되는 성질은 동물의 물질대사에 필요 불가결한 것으로서 비타민이 부족하면 특유한 질병에 걸린다. 야맹증은 비타민A, 각기병(脚氣病)은 비타민B₁, 괴혈병(壞血病)은 비타민C, 구루병(駒僂病)은 비타민 D의 부족 증상이다. 비타민의 필요량은 1일 약 10mg 정도이며, 예외인 비타민C도 약 75mg이다. 동물에는 비타민을 합성할 수 있는 능력이 없으나(따라서 음식물과 함께 외부로부터 섭취할 필요가 있다) 비타민A와 같이 천연에 전구물질의 모양으로 존재하여 체내에서 분해되어 비타민이 되는 경우도 있다. 비타민은 유용성 비타민과 수용성 비타민으로 분류하기도 한다. 이 분류는 얼핏 보면 별로 의미가 없는 것처럼 보이지만 어느 비타민이 어떤 음식물 속에 포함되어 있는지 아는 데 필요하다. 예컨대 유용성 비타민A는 우유나 버터 속에 함유되어 있다.

본다는 현상이 어떻게 해서 눈에서 뇌로 전달되어 지각되는가 하는 문제에 관해서는 아직 불명한 점이 많으나 망막세포에서 전기적인 신호로 바뀌어서 신경계통을 거쳐 뇌에 전달되는 것만은 확실한 것 같다. 참고가 되도록 앞에서 설명한 월드의 가설을 소개한다. 빛을 받아서 로돕신이 분해할 때 옵신의 표면의 네오레티나b분자가 있던 장소에 틈이 생겨서 중금속이온과 반응하기 쉬운 술포히드릴기(-SH기)가 표면에 나타난다. 잘 알고 있는 바와 같이 신경계통 내의 자극 전달에서는 중금속이온의 존재가 매우 중요한 역할을 한다. 이 -SH기와 금속이온이 반응하면 주위의 이온 농도는 그 균형이 깨져서 전압 또는 전류의 변화, 즉 전기적인 신호가 되어 전달되는 것이 아닐까 하는 그런 것이다.

7장

의약품, 마녀가 만든 마법의 약

독일에서는 옛날부터 마녀는 자기의 특별한 주방에서 마법의 약을 만든다는 이야기가 있다. 이와 같은 이야기는 괴테의 파우스트 제1부의 끝에도 나온다. 의약품도 마녀가 남몰래 만든 현대의 마법이 아닐까.

아마도 동서양을 가리지 않고 사람들이 술, 담배, 의약품을 통해 고통을 덜고, 공복감이나 고독감을 잊고 순간적인 행복감을 맛보려고 하지 않았던 시대는 없었을 것이다. 예컨대 볼리비아의 인디오는 몇백 년 전부터 코카의 잎을 씹으면서 공복감을 없애 하루의 피로를 잊었고, 홍콩의 중국인 노동자들은 옛날부터 전해 내려오는 이야기에 따라 「용(龍)을 잡기 위하여」 아편을 피웠다. 그 후에도 매우 최근까지 북아프리카 지방에서는 국영 상점에서 하시시(Hashish)를 섞은 담배를 팔았다.

모로코나 튀니지에서는 1953년에 처음으로 하시시의 금지가 공포되었으나 그곳에서 하시시의 금지는 백인 사회의 「예부터 피우는 친구들」의 관용이 모자라는 것으로 받아들여진 것 같다. 인도의 성전에는 하시시의 원료인 대마초(大麻草)가 성스러운 식물, 행복의 원천이라고 기록되어 있다. 그러나 오늘날 대부분의 나라에서 대마초의 재배나 판매가 금지되어 있다. 그러나 모로코의 인가에서 떨어진 산악지대에서는 오늘날에도 대마초가 재배되는데, 멕시코에서는 군용기를 동원해서 제초제(除草劑)를 살포하여 대마초를 구제(驅除)하기도 한다. 터키에서는 공개적으로 아편의 원료인 양귀비가 곳곳에서 재배되며, 동남아시아에서도 중국, 태국, 미얀마에 둘러싸인 「황금의 3각 지대」가 마약의 공급원으로 유명하다. 마약의 세계도 근대화(?)의 물결이 밀어닥쳐 합성품이 만들어지게 되어 악명 높은

LSD 등이 등장했다. LSD도 곧 금지리스트에 기입되었으나 밀조, 밀매가 그치지 않고 있다.

한마디로 마약이라고 하지만 화학적인 구조는 전혀 다르므로 하나의 항목에 합쳐질 수 있는 것이 아니다. 공통점은 비슷한 생리작용을 나타내는 것뿐이다. 분류하는 경우에는 천연물과 합성품으로 나누거나 진정제, 진통제와 흥분제로 나누기도 한다. 여기에 환각제를 덧붙이는 경우가 많다. 환각제는 정신적인 감각을 바꿔서 현실감을 교란시키는 약제이다. 그러나 마약이라고 하면 어쩐지 범죄나 죄악 등을 연상하기 쉬운데 의사의 지시에 따라서 올바르게 사용하면 우리에게 유익한 의약품이라는 것을 여기에서 특히 강조하고자 한다. 두 자루의 칼을 가진 무사일지라도 핵심은 그 사용법이 문제인 것이다. 잘못 사용하면 자기 자신뿐 아니라 사회를 파멸시키므로 오용(誤用)은 엄중하게 막아야 한다.

여기에서는 그중 대표적인 마약인 하시시(마리화나), 아편(모르핀, 헤로인), LSD의 세 가지에 관해서 그 작용 등을 간단하게 설명하기로 하자.

우선 하시시에는 마리화나, 대마초, 키프, 다가 등 많은 별명이 있다. 하시시는 인도산 대마초의 일종에서 얻는 수지 모양의 물질을 건조해서 널판 모양으로 프레스한다. 하시시보다 5배 정도 약한 것이 마리화나로서 대마초의 잎이나 줄기를 건조시킨 것이다. 대마초의 잎이나 수지에는 센 냄새가 나므로 대부분은 담배처럼 불에 붙여서 연기를 마시거나 위스키나 술 등의 알코올성 음료나 청량음료에 넣어서 마신다. 현지에서는 있는 그대로 먹는 사람도 있다고 한다. 젊은 사람들은 조인트(Joint)라고 이름 지어 담배와 섞어 종이로 말아서 피우는 것 같다. 피우면 혈액에 곧바로 흡수되므로 그 세기를 조절하기 쉬운 것 같다. 유효성분은 테트라히드로 카나비놀(THC)로서 합성품도 있다. 수년 전에 합성법이 학회지에 발표되자 곧 맛이나 냄새가 없는 합성마리화나가 미국의 암흑가에 나타났다.

THC는 용액에 서너 방울 떨어뜨리기만 해도 어느 정도 양의 하시시와 같은 효과를 얻는 강력한 물질이다. 하시시를 흡입하면 어떤 종류의 욕망에 대한 억제력을 잃게 됨과 동시에 가벼운 환각작용이 생겨서 무어라 말할 수 없는 만족감을 느낀다고 한다. 섭취량이 많으면 공간이나 시간에 대한 감각이 마비되어 판단력이나 사고력도 둔해진다. 습관성은 없으나 차례로 정신에 이상을 초래하는 것이 확인된다. 양귀비류에서 얻어지는 아편에 이르면 사정이 조금 달라진다. 아편에는 습관성이 있어서 점점 그 양을 증가시키지 않으면 처음과 똑같은 효과를 얻지 못하게 된다. 통증을 멈추게 하는 데는 0.1g 정도로 충분하지만 계속 사용하면 점차 수 배로부터 시작해서 나중에는 수천 배를 투여하지 않으면 진통효과가 없게 된다. 아편은 양귀비에서 얻는다. 양귀비 열매의 꼬투리에서 나오는 즙을 건조하면 다색(茶色)이 나는 가루가 되는데, 이 속에 아편의 유효성분인 모르핀이 약 15% 함유되어 있다. 아편은 먹거나 마시거나 담배처럼 피워도 좋다. 모르핀의 구조를 조금 바꾼 것이 헤로인(Heroin)으로서 모르핀보다 매우 세다. 따라서 작은 양으로 효과가 상승하며 더욱이 아편만큼 센 냄새가 나지 않으므로 눈 깜짝할 사이에 암흑가의 인기 품목으로 부상했다. 아편이나 아편 유사물질은 기분을 진정시키거나 통증을 멈추게 하거나 공포감을 없애주는 작용을 한다.

이것은 의사에게 있어서는 매우 유효한 작용으로 의약품으로서 사용할 수 있으나 상습자들에게는 치명적인 결과를 가져온다. 결국 중독되어 폐인이 되기 때문이다.

LSD와 같은 합성환각제는 천연물이 지닌 많은 성질 중에서 마성(魔性)이라고 할 수 있는 성질만을 지닌, 말하자면 「마녀의 마약」으로서 마약이라고 말할 수밖에 없다. 백 가지 해는 있어도 한 가지 이로움도 없다는 표현은 LSD를 위한 말이라고 해도 좋을 것이다.

안타깝게도 일부의 "예술가" 중에는 정신적, 심리적인 스트레스의 해소제로 또는 "예술적인" 분위기를 자아내는 절호의 물질이라 해서 마약을 예찬하는 경향도 있으나 이것은 잘못된 것이다. 마약(麻藥)은 역시 마약(魔藥)이며 정신 그리고 마음을 황폐하게 만드는 작용을 지닌 독물이라는 것을 잊지 말아야 한다. 되풀이해서 말하는데 마약은 의사의 지시가 있는 경우 이외에는 사용해서는 안 된다.

알코올, 인류 최고의 약

술은 백 가지 약의 우두머리?

인류 역사상에서 술이 중요하지 않았던 때가 있었을까. 미개인종 중에는 식량을 증산하려는 욕구와 더불어 알코올에 대한 욕구가 농업의 발달을 촉진시킨 요인이 되고 있다는 학설을 제창하는 인류학자도 있을 만큼 술과 인류의 문명, 문화와의 관계는 길고 깊다. 술은 곡식으로만 만들어지는 것이 아니다. 감자, 과일, 벌꿀 그 밖의 여러 가지 원료로부터 만들어진다. 프리늄은, 기원 1세기에는 이미 지구상 곳곳에 술주정뱅이가 있었다고 적고 있다. 스페인이 멕시코를 정복했을 때 유럽 문명과는 인연이 없었던 인디오도 프루크라는 토주를 마셨다고 한다.

그 유명한 쿡 선장도 세계일주를 하는 도중 포루네시아인이 가바라는 페퍼민트 계의 술을 마시고 있었던 것을 보았다. 오늘날 어떠한 형태로든 술을 마시지 않는 나라는 아마도 없을 것이다. 그 나라에 금주법이 있건 없건 관계가 없는 것이다.

알코올이 인기가 있는 것은 결국은 취하기 때문이고 생각한다. 그 양이 지나치지 않으면 대부분의 사람들은 매우 기분이 좋아져서 행복감을 맛보게 된다. 따라서 어느 나라에서든 어느 시대를 막론하고 제사와 축전에는 술이 붙어 다니기 마련이다.

긴장감을 푸는 것도, 제사나 축전이 잘 진행되도록 하기 위한 중요한 조건이다. 전혀 보지 못했거나 알지 못하는 사람들이 술이나 맥주를 마시면서 즐거운 기분이 되어 백년지기처럼 친해지는 것도 술을 마시지 않은 맹숭한 상태에서는 그다지 쉽게 있을 수 없는 것으로서 술의 효과라고 말할 수 있을 것이다.[1]

필자의 선생으로 완고해서 융통성이 없는 것으로 유명한 분이 있었는데 이 선생에게 시험 전에 샴페인을 한 잔 마시고 가면 긴장이 풀려 시험을 잘 치를 수 있으므로 반드시 그렇게 하라는 권유를 받고 놀란 일이 있다. 알코올의 양이 적기만 하면 확실히 이 교수의 이야기 그대로이다. 그러나 알코올의 양이 많아지면 뇌의 활동을 둔화시키는 작용이 강해져서 만사에 자제력을 잃어버리고 결국에는 정신적 심리적인 억제력을 잃게 된다. 보통 혈액 1ℓ 중 알코올의 g 수는 혈액의 알코올 농도를 나타내서

---

1   역자주: 술을 마시면 그 성분인 알코올이 분해대사되는데 알코올을 소량 마셨을 때는 99%가 산화된다. 그러나 많은 양을 마셨을 때는 10% 이상이 주로 오줌, 호기(呼氣) 등으로 배설된다. 마신 술은 소화관에 들어가 다른 음식물과는 다르게 예비적인 소화를 필요로 하지 않고 위 및 소장에서 신속하게 흡수된다. 약 240cc 정도의 위스키를 마시면 대략 1시간 안에 최고의 혈중농도를 보이고 0.2~0.3%의 알코올농도가 되지만 이 혈중농도의 감소는 느려서 12시간 이상 걸려야 없어진다.

    혈중에 들어간 알코올은 거의 전신의 기관에 분포되지만 기관에 따라 얼마쯤의 농도의 차이가 있다. 즉 혈중농도를 100으로 했을 때 오줌 130, 타액 130, 수액 115, 뇌 90, 간 85, 신장 83, 호흡기 0.05 정도이다. 따라서 이때 호기 중의 알코올농도를 검출하면 혈중농도를 알 수 있다. 대략 2ℓ의 호기는 혈액 1cc와 거의 같은 양의 알코올을 함유하고 있다. 그런데 도로 교통법규상에서 규제하는 주취한계는 혈액 1cc에 0.5mg 또는 호기 1ℓ에 0.25mg으로 되어 있다. 이 정도의 값을 나타내는 술의 양을 평균적으로 말하면 다음과 같다. 즉 청주 200cc(1.1홉), 맥주 4홉짜리 1.4병, 위스키 40도짜리 65cc(0.35홉), 소주 70cc(0.4홉) 등의 술로서 이러한 양의 술 한 가지를 5분 이내에 마시고 30분 이내의 상태를 말한다고 할 수 있다.

프로밀이라고 하는데 혈액의 알코올 농도가 0.5~1프로밀이 되면 지금 언급한 것처럼 알코올의 작용을 분명히 알 수 있게 되고, 1프로밀을 넘으면 반사가 둔해져서 교통사고를 일으키는 확률이 높아지게 된다. 2프로밀이 되면 우선 평형감각을 잃어 사고력이 깨지고 2프로밀 이상이 되면 점점 더 심해진다. 3프로밀 정도가 되면 일어서서 걸을 수 없게 되고 의식도 몽롱해진다. 4프로밀 이상이 되면 죽을 위험도 생기지만, 다행히도 이 이상의 알코올은 마시려 해도 받아들여지지 않는다. 물론 술이 센 사람이나 약한 사람도 있으므로 여기에서 든 숫자는 평균치라는 것을 염두에 두자.

장에서 흡수되어 혈액에 들어가는 알코올의 양은 매우 많은 요인에 의해서 결정된다. 음식물 중에는 알코올의 흡수를 좋게 하는 것도 있고 나쁘게 하는 것도 있다. 결국 알코올의 작용은 의약품의 경우와 마찬가지로 용량의 문제이다. 여기에 알코올과 의약품의 접점(接點)이 있는 것 같다.[2]

그런데 알코올을 의약품으로 분류하는 것은 타당한가 어떤가, 그리 간단하게 판단되지 않는다. 의약품의 작용을 쓴 책에는 대부분, "의약품이란 질병의 예방, 진정, 치료, 발견 등에 도움이 되는 물질이다"라고 정의하고 있다. 그러나 알코올이 나타내는 작용 중에서 이 정의에 알맞은 것은 매우 적거나 또는 매우 제한된 범위인 것이다. 알코올은 확실히 뇌에

---

2 **약리학(藥理學):** 의약품과 그 작용에 관한 학문이 약리학이다. 주된 분야는 ① 화학구조와 약리작용과의 관계, ② 작용 메커니즘의 해명, ③ 치료 효과를 지녔다고 추정되는 물질, 새로운 의약품의 동물실험, 인체실험, ④ 현재 사용 중인 의약품의 개량 등이다. 약리학과 인접해 있는 생리학, 미생물학, 생화학 등의 사이에 경계선을 분명히 긋는 것은 매우 어렵다. 연구 방법이 거의 같다는 것뿐만 아니라 연구 분야가 중복되어 있는 부분이 많기 때문이다.

작용해서 진정제의 역할을 한다(수술할 때 진통제로 사용했던 시대도 있었다). 또 그 도가 지나치지 않으면 훌륭한 수면제이다. 알코올이 기분을 가라앉히는 작용도 한다는 것을 앞의 선생의 이야기처럼 간과할 수는 없다. 이렇게 보면 알코올은 틀림없는 의약품이다.

그러나 알코올은 질병의 증상을 진정시킬 뿐 고치는 것은 아니므로 좁은 의미에서의 의약품이라고는 말할 수 없다는 이야기이다.

술 만들기

술은 옛날부터 오늘날에 이르기까지 같은 방법으로 만들어진다. 즉 알코올 발효이다.

그러므로 우선 알코올을 화학적으로 검토해보자. 우리가 보통 알코올이라 부르는 것은 사실 화학에서는 에탄올 또는 에틸알코올이라 하며 에탄($CH_3 \cdot CH_3$)산화물의 하나인 $CH_3 \cdot CH_2OH$이다. 알코올이라고 하는 것은 본래 수산기(-OH)를 지닌 사슬 모양의 탄화수소를 일컫는 말이다.

가장 간단한 알코올은 메탄의 유도체의 메탄올(CH_3OH 메틸알코올이라고도 한다)로서 독성이 매우 세다. 지방의 항목에서 다루었던 글리세린도 알코올의 일종으로서 그 분자 중에 수산기 3개를 함유한다.

술에 함유되어 있는 알코올, 즉 에탄올은 당류의 발효에 의해서 얻는다. 자연과학의 역사를 보면 오랫동안 발효는 살아 있는 세포의 존재와 관계가 있다고 적혀 있다.

에탄올[3]

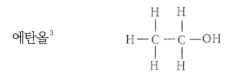

이러한 사고방식을 대표하는 것이 프랑스의 루이 파스퇴르(Louis Pasteur, 1822~1895)로서 발효를 할 수 있는 능력이 있는 것은 살아 있는 효모의 세포뿐이라고 생각했다. 이러한 근거는 당의 용액을 멸균하면 발효가 일어나지 않는다는 실험 사실이었다. 반 파스퇴르파의 원조는 독일의 리비히[4]로서 알코올 발효는 순수한 화학반응으로서 살아 있는 세포와는 관계가 없다고 보고 있었다.

이 두 가지의 대표적인 사고방식에 결정적인 결론을 제공한 것은 독일의 부흐너 형제가 했던 간단한 실험이었다. 그들은 효모세포를 석영의 분말과 섞어서 충분히 깨서 부스러뜨린 다음, 여과해서 세포를 함유하지 않

---

3 역자주: 알코올은 일반식 $C_nH_{2n+1}OH$로 표시되며 C_nH_{2n+1}은 사슬 모양 포화탄화수소의 일반식 C_nH_{2n+2}에서 H원자 하나가 다른 원자 또는 원자단과 치환된 것의 일반식인데 이것을 일반적으로 알킬기라 한다. 이 알킬기에 수산기(-OH)가 결합된 것이 알코올이다.

4 **리비히(Justus von Liebig, 1803~1873):** 리비히의 이름은 유기화학 실험에서 사용하는 리비히냉각기로도 매우 친숙한 이름이다. 리비히는 그의 친구인 뵐러(F. Wöhler, 1800~1882)와 함께 유기화학의 아버지로 불린다. 클로로포름, 알데히드 등의 발견자이며 자연계에 있어서 원소의 순환에 관심을 가진 최초의 학자이기도 하다. 음식물을 영양가에 따라 분류한 것 외에 토양을 분석해서 식물에 어떤 비료를 주는 것이 좋은가를 밝히는 등 농업에 화학의 방법을 도입했다. 또한 그는 교육자로서도 뛰어난 업적을 남겼다. 독일에서는 처음으로 기센에 대학의 화학실험실을 개설하여 유능한 인재를 많이 양성했다. 화학 분야에서 독일이 세계적인 지위를 차지하는 기초를 쌓았다고 할 수 있다.

리비히

은 효모의 추출물을 만들고 이 효모의 추출물이 발효를 시작하는 능력이 있음을 실험적으로 증명했다. 이러한 매우 간단해 보이는 실험이야말로 생화학의 역사를 새롭게 장식했던 획기적인 연구였던 것이다. 이 실험에 의해서 발효라는 복잡한 생명현상이 세포 밖에서도 일어난다는 것, 더욱이 생명현상을 일으키는 물질의 존재를 증명했던 것이다. 즉 생명현상과 물질과의 관계를 밝혔기 때문이다. 부흐너 형제는 이 물질을 치마아제라 이름 지었으나, 뒤에 한 가지 물질이 아니고 몇 종류의 효소의 혼합물인 것이 알려졌다. 이리하여 이것이야말로 효소의 과학적 연구의 발단이 되었다. 이러한 업적은 노벨상으로 빛났는데 수상자는 금세기까지 천수를 다한 부흐너(Edward Buchner, 1860~1917)뿐이었다.

알코올이 발효할 때 화학반응은 당류의 호흡산화(효소 존재 하의 해당 반응)와 매우 비슷하다. 이렇게 말하기보다 오히려 최초의 부분은 거의 같고 최후가 다를 뿐이다. 호흡산화의 경우에는 초산(CH_3COOH)이 생성되고, 알코올발효에서는 에탄올이 생성된다.

호흡산화에서는 반응에 산소가 가해지나 알코올발효는 혐기적(嫌氣的) 즉, 산소가 없는 상태에서 일어난다. 반응은 발열반응이지만 발열량이 호흡산화에 비하면 매우 적다. 산소가 존재하지 않는 상태에서 반응이 일어나므로 반응을 진행시키기 위해서 에너지가 소비되어 이 양만큼 외부로 방출되는 에너지가 적다. 알코올발효는 밀폐된 그릇 속에서 일어나서 이때 발생하는 이산화탄소만을 외부로 방출한다. 알코올발효를 반응식으로 적으면 다음과 같다.

$$C_6H_{12}O_6 \rightarrow 2C_2H_5OH + 2CO_2$$
$$\quad\; 당 \qquad\quad 에탄올 \qquad 이산화탄소$$

포도주의 경우에는 포도에 함유되어 있는 포도당(글루코스, glucous)와 과당(프룩토오스, fructous)이 발효한다. 맥주는 대맥을 원료로 해서 만드는데, 우선 대맥에 함유되어 있는 녹말을 디아스타제라는 효소로서 말토스로 변화시킨 다음 발효시킨다. 이 과정을 당화(糖化)라 하는데 대맥을 발아시켜서 생성시킨 맥아를 볶아 가늘게 부셔 물을 가하고 적당한 온도로 하면 녹말의 당화가 일어난다. 맥아 속에 디아스타제가 함유되어 있는 것이다. 이것을 여과하면 미발효의 맥주 원료액을 얻는다. 이 원액에 홉과 맥주효모를 가하여 7~12℃에서 발효시키면 맥주가 된다. 홉은 쓴맛을 주고 동시에 맥주를 오래 보관하도록 하는 보존제의 역할도 한다. 더욱이 맥주의 알코올농도는 3~6%이다.

알코올, 쌀 엑스, 액화식품

옛날에 쌀은 폐, 신장, 피부를 통해 전부 몸 밖으로 배설되는 것으로 생각했다.

이러한 생각을 일련의 역사적인 실험으로 타파한 것이 리비히이다.

그는 알코올이 산소와 화합해서 빛은 내지 않지만 연소하여 배설되는 것을 실증했다. 오늘날에는 이러한 반응이 몇 단계를 거쳐서 진행되는 것을 알고 있다. 이 반응은 산화반응이므로 발열반응이다. 이러한 점에서 보면 알코올은 분명히 식품이다. 술이나 포도주 한 잔이 몇 칼로리의 영양분을 함유하는지 오늘날에는 정확히 알고 있다. 맥주의 영양가가 특히 높은 것은 미발효의 맥주 원액이 많이 함유되어 있기 때문인 것으로 알려져 있다. 술을 많이 마시는 사람 중에는 필요한 칼로리의 60%를 알코올로 처리하는 경우도 있는데 이렇게 되면 간이 견디지 못한다. 에탄올(CH_3CH_2OH)은 우선 간에서 산화되어 아세트알데히드(CH_3CHO)가 된다($CH_3CH_2OH \rightarrow CH_3CHO$). 아세트알데히드는 에탄올 이상으로 독성이 강한 물질인데 그 양이 그다지 많지 않으면 다시 곧바로 산화되어 해가 없는 초산으로 변하고 TCA사이클에 들어가서 에너지원이 된다.

간은 이와 같은 알코올분해 경로에 방해가 되므로 술을 지나치게 마셔서 간의 처리능력 이상으로 알코올이 들어가면 간에서 처리할 수 없게 되어, 처리되지 않은 채 그대로 알코올이 혈액 속으로 들어간다. 따라서 취하게 된다. 간의 알코올 처리능력은 매시간마다 8~10g이므로 맥주라면 꼭 한 컵 정도이다. 약을 먹거나 여러 가지 방법을 써도 간의 기능은 좋아지지 않는다. 커피 등의 흥분작용이 있는 것을 마시면 피로감은 적어지지만 알코올의 작용 그 자체를 억제할 수는 없다. 이러한 종류의 방법은 독을 억제하는데 독을 가지고 대처하는 결과와 같으므로 별로 달갑게 느껴지지 않는다. 혈액의 알코올 농도를 재는 가장 손쉽고 빠른 방법은 풍선을 사용하는 것인데 음주운전을 검사할 때 위력을 발휘한다.[5] 이것은 일정 부피의 풍선에 황색의 크로뮴산염(6가 크로뮴)을 채운 피리가 붙어 있다. 술을 마신 사람이 이 피리를 불어서 풍선을 부풀게 하면 호기(呼氣) 속에 함유되어 있는 알코올이 산화되어 초산이 되고, 반대로 크로뮴산염의 황색의 6가 크로뮴은 환원되어 녹색의 3가 크로뮴이 된다. 따라서 녹색이 된 3가 크로뮴의 양을 측정하면 호기 중의 알코올양을 알 수 있게 된다.

호기 중의 알코올양과 혈액 중의 알코올농도 사이에는 일정한 관계가 성립하므로 이렇게 해서 혈액의 알코올농도를 측정할 수 있게 된다. 이러한 방법은 물론 매우 간편한 방법인데 정확하게 알려면 역시 채혈하여 직접 알코올양을 측정하는 것이 좋다.

알코올 중독약 디술필람

알코올은 습관성 독물로 중독환자는 매일 일정량의 알코올을 마시지 않으면 금단현상(禁斷現象)을 일으킨다. 그러나 알코올을 지나치게 섭취하

---

5 역자주: 음주측정기는 이미 우리나라에도 도입되어 교통경찰관이 사용한다. 이 음주측정기는 주머니에 넣고 다닐 수 있는 간편한 측정기와 호흡주입용 마우스피스(Mouth-Piece) 교정용 소형드라이버 등으로 되어 있다. 3,000번 사용할 때까지 측정기를 교환하지 않아도 된다. 마우스-피스는 한 번 사용하면 소독해서 다시 사용할 수 있다. 측정기 내의 얇은 플라스틱 막으로 된 cell에 1cc의 표본흡기가 들어오면 즉시 반응을 일으켜 알코올분이 있으면 곧 초산이 되고 리드 버튼(Read Button)을 누르면 표시판에 측정치가 나오게 만들어져 있다. 디지털의 수치는 %로 표시되어 있는데 0.05%가 바로 법정 숙취의 한계인 혈액 1mℓ에 알코올 0.5mg이 함유된 것에 해당되어 단속대상이 된다. 2019년에 0.03%로 기준이 강화되었다.

면 몸, 특히 간장장해를 일으킨다. 알코올중독에 어떤 종류의 황화합물, 예컨대 디설피람이 효력이 있는 것으로 알려져 있다. 이 화합물에는 간에서 알코올로 인해 생성되는 아세트알데히드가 다시 산화되는 것을 방지하는 성질이 있어 기분이 나빠지므로 이것 때문에 알코올을 싫어하게 되는 것이 아닌가 추측하고 있다. 그러나 이 화합물은 어떤 중독환자에게나 효력이 있다고 할 수 없다는 어려움이 있다.

약초와 영약

사랑의 묘약(妙藥)

그리스의 테오프라스토스(Theophrastos B.C 약 371~287)의 「식물지」라는 책에 만드라고라스라는 사랑의 묘약에 관한 기술이 있다. 「만드라고라스를 발견하면 칼로 그 둘레에 세 번 원을 그리고, 다음에 다른 한 사람이 그 주위를 춤추면서 송두리째 뿌리를 파내는 것이다」라고 적혀 있다. 이 식물은 독일에서는 아루라우네라는 이름으로 알려져 있는 가지과(茄子科)의 유독식물로서 유럽은 물론 동양의 여러 나라에서도 옛날부터 미약(媚藥), 사랑의 묘약이라 불리어 왔다. 뿌리가 두 가닥으로 나누어져 있는 것에서 옛날 사람들은 발이 두 개인 것을 연상했던 것 같다. 독일의 민속설화 중에는 교수대(紋首臺)의 이슬로 사라진 도둑의 오줌에서 태어난 것이 아루라우네라거나, 「교수대의 난장이」라는 별명도 있다. 아루라우네가 매우 비쌌기 때문에 가짜가 끊이지 않았고 1570년 12월 스위스에서 독일 국경과 가까운 샤프하우젠에서는 당근을 아루라우네라고 속여서 팔았던 불량자 세 사람이 사형에 처해졌다는 기록이 있을 정도이다. 지금 말한 전설이 이것과 관계가 있는지도 모른다. 또한 당시 의학의 대가라고 일컫는 파라켈수스(Philippus Aureolus Paracelsus 1493~1541)가 아루라우네를

둘러싼 미신을 믿는 일이 없도록 경고했던 문장도 남아 있는 정도이므로, 아루라우네의 명성은 매우 높았던 것 같다.

아루라우네와 비슷한 묘약은 수천 수백 가지가 있어서 여기저기에 그 경이적인 효능이나 불가사의한 효력에 관한 기사나 전설이 남아 있다. 또 볶거나 엑기스를 발효시켜서 질병의 치료에 사용해왔던 약초는 많다. 동양에도 초근목피(草根木皮)의 한방약이 오늘날에 이르기까지 계속 사용되고 있다. 뛰어난 효력이 있는 약초로서 디기탈리스나 키니딘 등의 보기를 설명하고자 한다.

심장에 효력이 있는 약

200년 전부터 오늘에 이르기까지 사용되고 있는 약초가 있다. 바로 디기탈리스이다. 디기탈리스의 유효성분의 화학구조나 어떤 효력이 왜 발생하는지에 관해서 알게 되기까지는 150년이라는 세월이 필요했다. 1775년 영국 의사 위저링은 디기탈리스의 잎을 말려서 사용하면 수종(水

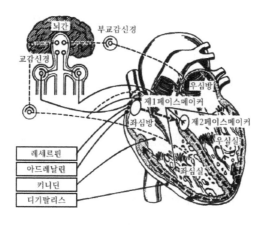

심장에 작용하는 약

腫)에 효력이 좋다는 것을 발견했다.

　그는 디기탈리스에 관해서 10년 이상 연구를 거듭하여 그 결과를 발표하는데, 그 연구 방법은 매우 모범적이어서 그 후 계속 높이 평가되고 있다. 위저링은 디기탈리스가 심장에 작용하는 것도 관찰했는데 얼마 후에 심장에의 작용이 주가 되고 수종에 대한 효능은 부차적인 것을 확인했다. 디기탈리스는 심근(心筋, 심장을 움직이는 근육)의 수축작용을 강하게 하는 작용을 하기 때문에 심장의 활동이 활발해지는 것이다. 수종에 효력이 있는 것도 심장의 움직임이 활발해져서 신장의 배설기능이 좋아지고, 따라서 물이 활기 있게 배설되기 때문이다. 디기탈리스의 유효성분은 디기탈리스-글리코시드이다. 이 물질은 두 가지 성분이 화합한 것으로 한쪽이 당 성분, 다른 쪽이 실제로 유효한 성분이다. 디기탈리스의 잎에서 유효성분인 디기탈리스-글리코시드를 분리하는 데는 잎을 건조시켜서 알코올로 추출하면 단백질과 그 밖의 성분을 제거할 수 있다. 알코올 추출액을 농축하면 디기탈리스-글리코시드의 결정이 석출된다. 이 유효성분의 함유량은 디기탈리스의 산지, 수확 시기, 건조한 잎의 보존 기간 등에 의해서 달라진다. 옛날에는 팅크(알코올 용액)나 엑스의 모양으로 사용됐으므로 디기탈리스-글리코시드의 농도도 제각기 달랐는데 오늘날에는 순수한 모양으로 얻을 수 있게 되어 그 용량도 정확하게 결정된다.

또 식물에서 얻을 수 있는 심장약에는 키니딘(Kinidin)이 있다. 키나(kina)나무의 껍질에서 얻는 물질로서 이름에서 추측할 수 있는 바와 같이 말라리아의 특효약 키니네(Kinine)와 그 구조가 매우 비슷하다. 키니딘에는 불규칙한 심장의 고동을 다시 규칙적으로 만드는 작용이 있다. 키니딘이 심근의 전기적인 활성과 자극에 대한 반사능력을 감소시키는 성질을 지니기 때문이다. 이것에 의해서 심장의 리듬을 교란시키는 여분의 전기적인 신호가 일소돼 버리는 것이다.

천연산의 키니딘만으로는 수요를 충족할 수 없게 되어 키니네로부터 키니딘을 합성하는 방법이 검토되어 1960년에 성공했다. 키나의 수피(樹皮)에는 키니네 쪽이 더 많이 함유돼 있기 때문이다. 또 한편에서는 순수한 합성법도 발견되었다.

여기서 원점으로 돌아가 심장과 약의 관계를 정리해 보자. 그림을 잘 보기로 하자. 심장을 규칙적으로 수축시키는 신호는 보통은 제1페이스메이커(Pacemaker)에서 나와서 제2페이스메이커로 전달된다.

이렇게 제2페이스메이커로부터 다시 말단신경을 거쳐 심실(心室)에 전달되고 심실이 수축되어 혈액을 심장에서 혈관 속에 보낸다. 이와 같이 복잡한 제어계통에 의해서 몇 단계에 걸쳐 심장이 정지하는 사태가 일어나지 않도록 지켜지고 있다. 본래는 제2페이스메이커도, 경우에 따라서는 심실도 자기 자신이 신호를 내보내서 심장 전체의 활동이 정상을 유지하도록 조작하게 되어 있다. 교감신경과 부교감신경도 다른 경로로부터 심장의 활동을 제어한다.

교감신경은 심장의 고동을 빠르게 하는 작용을 하고 부교감신경은 심장의 고동을 천천히 하는 역할을 한다.

화학물질 중에는 심장의 특정한 장소에만 작용해서 여러 가지 영향을 주는 것이 있다. 앞에서 언급한 바와 같이 디기탈리스-글리코시드는 심근의 수축력을 높이고 키니딘은 심근의 활성을 억제하여 고동과 다음 고동 사이의 쉬는 기간을 연장시킨다. 또한 아드레날린(Adrenalin)은 교감신경에 작용해서 심장의 고동을 빠르게 한다. 레세르핀은 직접 페이스메이커에 작용하지 않고 심장의 고동을 빠르게 하는 물질을 분해하는 능력이 있으므로 간접적으로 고동을 천천히 한다. 아드로핀(Adropin)은 부교감신경을 일시적으로 차단해버리므로 고동이 높아진다. 말하자면 이러한 문제들을 연구하는 것이 약리학이다.

커피와 담배

카페인과 니코틴이야말로 알코올과 나란히 3대 기호독물(嗜好毒物)로서 모두 신경계통에 작용하는 약리활성물질이다. 자세히 보면 화학구조가 다르지만 질소를 함유한 고리 모양 화합물인 것이 공통점이다.

카페인은 커피, 홍차, 콜라 등에 함유되어 있는 흥분제이다. 대부분의 사람들은 거의 매일 카페인을 마시고 있다. 카페인은 즉효성(即效性)으로서 마시고 나서 30분 뒤에 최고가 되고 3시간에서 4시간 지나면 흔적 없이 사라져 버린다.

보통의 섭취량은 50에서 200㎎ 정도인데 이 정도 양으로는 주로 대뇌피질에 작용하여 피로감을 없애거나 기력을 충실하게 한다. 그러나 충분히 휴식한 사람이나 졸음이 오지 않는 사람에게는 특별히 꼬집어 이야기할 만큼의 영향도 없다. 섭취량이 증가하면 신경계통에 자극을 주게 되지만 피부나 신장의 혈관, 심장의 관혈관(冠血管) 등을 확장시키는 작용이 있으므로 혈압이 올라가는 일은 없다. 또한 카페인에는 진통제의 효과를 좋게 하는 작용도 있으므로 진통제에는 대부분 카페인이 섞여 있다. 더욱이 카페인에는 두통을 밀어내는 작용이 있는데 이것은 뇌의 혈관을 수축시키기 때문이다. 카페인을 매일 섭취해도 특별히 해가 없는 것은 곧바로 체내에서 분해돼 버리기 때문이다. 물론 합성카페인도 있으나 의약용의 카페인은 카페인리스의 커피를 만들 때의 부산물로 충분히 충당할 수 있다.

카페인에 비하면 니코틴은 대단히 독성이 세고 50~60㎎를 마시면 죽는다. 이것은 담배 4.5개비에 함유되어 있는 니코틴의 양이다. 그러나 담배를 4~5개비 피워도 죽지 않는다. 이것은 담배가 탈 때의 고열로 인해 니코틴의 대부분이 분해돼 버리기 때문이다.

화학구조적으로 니코틴은 알칼로이드류에 속해 있다. 알칼로이드는 식물에 함유되어 있는 일련의 염기성 물질로서 약리활성을 지니는 것이 많다. 대부분은 식물의 산성분과 염을 만들어서 식물을 알칼리로 처리해 산성분을 제거하면 유리되므로 클로로포름이나 에테르로 추출하면 된다.

니코틴은 단독으로 의약품으로 쓰이는 일이 없다. 니코틴은 매우 소량만으로도 신경계를 자극하지만 그 양이 증가하면 반대로 신경세포를 차단해버린다. 흡연(吸煙)의 해로움 중 어느 정도가 니코틴에 의한 것인가를 정확하게 판정하기는 어렵지만 어쨌든 타르에 발암성이 있다는 것은 확실하고, 심장의 관혈관의 노화가 니코틴에 의해 촉진된다는 것이 밝혀져 있다. 더욱이 담배 피우는 사람의 수가 줄어들지 않고 담배가 점점 더 많이 팔리는 것을 보면 역시 마녀의 작품이 아닌가 싶다.

20세기의 마술

진통제

여러분 중에 통증 때문에 괴로움을 겪었던 경험이 없는 사람은 없으리라 생각된다. 최근 10년간으로 한정해봐도 이 통증에 관한 학문적인 연구는 눈부신 발전을 이룩했는데 오늘에 이르러 모든 사람을 납득시킬만 한 통증의 정의가 없다는 것도 매우 이상한 이야기라 생각된다. 어쨌든 통증이 신체의 적절하지 못한 상태나 고장을 알려주는 경보인 것은 의심할 여지가 없다. 누구나 모두 통증을 완화하려고 한다. 육체적인 통증뿐 아니라 정신적인 고통을 포함한 이야기이다. 양귀비의 즙을 스며들게 한 스펀지에서부터 오늘날의 진통제에 이르기까지 통증을 멈추게 하는 많은 것이 등장해서 진통 효과를 경쟁적으로 과시했으나 아직껏 완벽한 것은 없다.

이미 마약의 항목에서 모르핀에 관해서 설명했으나 여기에서 다시 한번 효과가 큰 진통제 모르핀을 등장시켜서 화학구조와 약리작용의 관계를 설명하자. 모르핀은 1803년부터 6년에 걸쳐 독일의 제르튀르너에 의해서 아편에서 단리되었다. 이리하여 최면작용(催眠作用)이 센 것으로부터 그리스신화의 잠자는 신 모르페우스(Morpheus)에 연유해서 모르핀(Morphine)이라 이름 지었다고 한다. 모르핀의 구조가 결정된 것은 그로

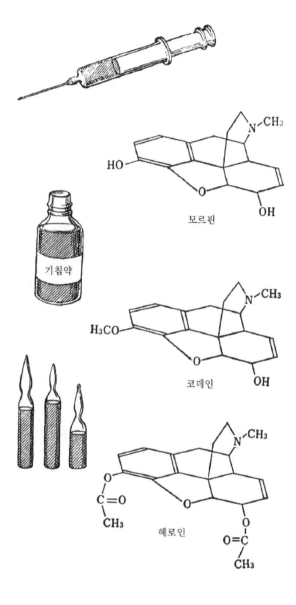

모르핀

코데인

헤로인

모르핀은 그 구조가 코데인, 헤로인과 비슷하다

부터 100년 이상이 지난 1925년의 일로서 전합성에 성공한 것은 1952년이었다.

화학구조가 밝혀지면서 약리학자의 연구의 초점은 모르핀의 어느 부분이 진통작용을 지니는가에 집중됐다. 이것이 밝혀지면 다시 효력은 세지만 중독성은 없는 진통제가 합성되기 때문이다. 그러나 유감스럽게도 모르핀의 구조와 진통작용의 관계를 해명하는 일은 아직 끝나지 않았다. 따라서 구조를 조금 바꾸어서 부작용이 없도록 하려는 연구도 아직 끝나지 않았다. 어쨌든 모르핀의 작용의 중요한 점은 뇌에 작용해서 통증을 순화시키는 데 있다(진통작용). 기분을 가라앉히고 불만이나 공포감을 없애는 작용을 한다. 단지 짧은 시간에 중독돼버리는 것은 곤란하다. 따라서 모르핀은 매우 통증이 심할 때만, 더욱이 매우 소량 사용하도록 하는 주의가 필요하다.

모르핀의 화학구조와 약리작용의 관계를 규명하는 과정에서 생겨난 것으로 진해제(기침약)의 코데인과 마약의 헤로인이 있다. 모르핀이 지닌 수산기(-OH) 2개 중에서 1개의 수소를 메틸기(-CH$_3$)와 치환하면(-OCH$_3$) 진통 효과는 매우 약해지지만, 중독의 위험은 적어지고 더욱이 기침약으로서의 효과는 잃어버리지 않는다.

이것이 코데인이다. 대부분의 기침약에는 많건 적건 코데인이 함유되어 있다. 더욱이 수산기 2개를 모두 메틸화시키면 진통효과는 약간 강해지나 반대로 모르핀에 비해서 굉장한 장점이 없어져 버린다. 그러나 수산기의 수소 2개를 모두 아세틸기(-COCH$_3$)로 치환하면 모르핀 이상으로 위험한 물질이 생긴다. 이것이 악명 높은 헤로인(Heroin)이다. 간단하게 합성될 뿐 아니라 센 작용을 지니므로 오늘날 마약의 주류에 올라가 있다.

모르핀, 코데인, 헤로인의 구조가 조금 다른 것만으로도 약리작용이 매우 변해버린다는 것을 알 수 있다. 장래 화학구조와 약리작용의 관련성의 연구가 더욱 진행되어 어떠한 관능기를 분자 내에 도입하면, 어떠한 약리작용이 생기는가를 미리 알게 되고 이렇게 되면 의약품의 합성도 매우 쉽게 될 것이라 생각한다.

606호

이것은 현주소의 번지나 우편번호도 아니다. 나이가 듬직한 분들에게는 회의적인 번호일지도 모른다. 나일론의 파이버-66보다 더욱 유명했던 것은 확실하다고 믿어진다. 이것이야 말로 세계 최초의 약물요법제(藥物療法劑) 살바르산(Salvarsan)의 표본 번호였던 것이다.

1910년 독일의 훽스트사는 공장의 일각을 울타리로 둘러싸 관계자 이외의 출입을 금지하고 보초를 세운 채 24시간 그 주위를 경비원으로 하여금 지키게 했다. 훽스트사가 어마어마한 경계를 시작한 것은 새로운 약 살바르산의 발명 때문이었다. 살바르산은 미 대륙 발견 이래 난치의 병이었던 성병인 매독의 특효약이었던 것이다. 당시 매독약의 발명에는 고액의 상금을 약속한 부호들이 많았다. 그러나 이때까지 병원에서 시험 단계에 이른 약은 없었으며 물론 대량생산된 것도 없었다. 이 약의 발명자는 에르리히(Paul Ehrlich, 1854~1915)와 공동연구자인 하다(秦佐八郎, 1873~1938)였다. 에르리히는 이것을 발견하기 2년 전에 노벨상을 받았다. 그는 전염병에 효과가 있는 혈청의 연구에서 뛰어난 업적을 남겼다. 특히 디프테리아의 혈청의 개발에는 코흐(Robert Koch, 1843~1910), 베링 등과 함께 주도적인 역할을 담당했다. 에르리히는 학생 시절부터 병원체를 살균제로 처리할 수 없을까를 생각하고 있었다고 한다. 물론 그때까지 유효한 살균제는 몇 가지 있었지만 어느 것이나 살균능력은 있으나 동시에 어느 정도의 독성을 함께 지녔다. 어떤 종류의 염료가 세포를 염색한다는 실험 사실로부터 살균성이 있는 염료를 찾으면 새로운 약을 얻을 수 있지 않을까 생각했다.

에르리히는 자신의 생각을 곧바로 실행에 옮겨서 많은 염료를 사용해서 막대한 수의 실험을 했다. 그의 지시는 「살균력이 최고이며 독성이 최저인 염료를 찾으라」라는 것이었다. 처음에는 메틸렌블루, 트립토판적(赤), 푹신적 등의 염료를 사용했으나 살균력이 약한 것을 알게 되었으므로 염료분자에 중금속을 도입해 보았다. 중금속 중에는 수은과 같은 치료 효과가 있는 것이 몇 가지 알려져 있었다. 에르리히 연구실에서 처음으로 좋은 결과가 나온 것은 비소화합물에서였다. 이 표본 418호는 매독의 병원체 스피로헤타에 대한 살균작용 시험에서 좋은 결과를 얻었다. 표본 592호에 이르러 겨우 동물시험에서도 좋은 결과를 얻게 되었다. 이 표본의 순도를 좋게 하고 용해도를 높인 결정판이 표본 606호였다.

606호를 환자에게 사용했더니 정말로 극적인 치료 효과를 거둘 수 있었다. 더욱이 병원에서 시험을 거듭한 결과도 좋았다. 1910년 9월 20일 에르리히는 이 606 즉 살바르산을 케니스베르크의 학회에서 발표했다. 그는 의학의 새로운 치료법인 화학요법을 도입한 것이다. 1915년 에르리히가 타계했을 때 영국의 신문 타임즈는 다음과 같이 적고 있다. 「에르리히는 인류를 위해서 미지의 세계에로 통하는 문을 열어 주었다. 그리하여 그 순간부터 인류는 그의 은혜를 입고 있는 것이다….」 이 역사적인 화학요법제 살바르산도 오늘날에는 이제 쓰이지 않는다. 스피로헤타에 내성(耐性)이 생겨버렸기 때문이다.

술파민제

에르리히의 살바르산 발견 이후 화학요법제가 무한한 가능성을 숨기고 있는 것에 착안한 연구자들은 에르리히가 죽은 다음 차례로 새로운 약을 개발했다. 1916년에는 벌써 독일의 바이엘사가 뇌막염이나 아프리카 수면병(睡眠病)에 효력이 있는 새로운 약 게르마닌을 발표했으나 이것도 염료의 유도체였다. 더욱이 이로부터 10년 뒤에 말라리아의 약 프라스모힌이 이 뒤를 이었다.

이처럼 전염병에 효력이 있는 새로운 약이 계속 발명되었으나 당시, 난치병 중 하나였던 패혈증(敗血症)의 특효약은 좀처럼 발명되지 않았다. 그러던 중 1935년 독일의 도마크(Gerhard Domagk, 1895~1964)가 드디어 패혈증에 효력이 있는 적색의 새로운 약 프론토질(Prontosil)을 발표했다.

이것이 말하자면 술파민제(Sulfamine 劑)의 선구자였다. 구조적으로 공통적인 점은 술폰산아미드(-SO₂NH₂)의 유도체로서 이것도 역시 염료계통의 화합물이었다. 그 뒤 색은 효력에 관계가 없다는 것이 알려져서 무색의 술파민제 프론타르빈이 등장하여 여러 가지 박테리아에 유효하다는 것이 확인되었다. 이리하여 1940년에 술파민제의 작용 메커니즘이 해명되면서부터는 어떠한 질병에 효력이 있는, 어떠한 구조의 화합물의 합성이라는 명확한 목적의식을 지니고 약의 합성에 몰두할 수 있게 되었다.

술파민제를 효시로 한 화학요법제의 수도 점점 증가해 전문가들까지도 그 수를 헤아릴 수 없을 만큼 증가되었다. 1965년 도마크의 표창식 때 와르브르크 교수는 다음과 같이 도마크의 공적을 찬양했다.

「미국 한 나라의 술파민제의 연간 생산액이 3천 9백만 달러, 프론토질 발명 이래 전 세계적으로 술파민제의 총생산액은 10억 달러를 상회하고 있다. 즉 그는 이만큼의 인명을 구했다는 이야기이다」.

페니실린의 발견

전 세계적으로 술파민제의 합성이 진행되어 프론토질이 꿈의 특효약으로 일컬어지던 시기, 영국에서 술파민제의 효력을 훨씬 능가하는 약이 탄생했다. 세계 최초의 항생물질 페니실린이다. 페니실린의 발견도 우연의 산물이었다고 한다. 1928년 영국의 세균학자 플레밍(Sir. Alexander Fleming, 1881~1955)은 포도상구균을 배양하여 변이(變異)를 연구했는데,

가끔 배지에 푸른곰팡이가 섞여 들어와서 실험이 실패하곤 했다. 잘 관찰해보니 이상하게도 푸른곰팡이 주위만은 포도상구균이 사멸되어 있었지만, 일정한 거리 이상 떨어져 있는 데서는 균이 어떠한 영향도 받지 않았다. 이를 보고 플레밍은 푸른곰팡이가 포도상구균을 죽이는 어떤 물질을 만들어내는 것이 아닌가 생각하고 이 가설을 확인하기 위해서 실험을 거듭했다. 결국 푸른곰팡이가 성홍열(猩紅熱), 폐렴, 임질, 탄저병(炭疽病) 등 난치병의 병원균을 사멸시키는 물질을 만들어낸다는 것을 실증했다. 이름은 푸른곰팡이(Penicillium)에서 따서 페니실린(Penicillin)이라 지었다. 플레밍 이전에도 분명히 플레밍과 같은 현상을 관찰한 사람이 많았을 것이 틀림없으나 아마도 「잡균이 섞여 들어가서 배양을 다시 함」이라고 실험 노트에 적었거나 자신의 실험기술이 서툰 것을 부끄러워해서 실험 노트에 아무것도 적지 않았을지도 모른다. 플레밍은 일상의 흔히 있는 실험 사실로부터 가설을 세우고, 가설의 옳음을 확인했던 것이다. 여기에 그의 비범함이 있다.

그러나 페니실린은 분해되기 쉬우므로 세균학자인 플레밍은 순수한 물질로 분리하는 데는 실패하여 1929년 일단 연구를 중단할 수밖에 없었다. 약 10년 뒤 옥스퍼드의 연구팀이 합세하여 연구를 재개, 드디어 페니실린의 결정을 얻는 데 성공했다. 최초의 동물실험에서는 50마리의 쥐에 치사량의 세균을 주입해 병에 감염시킨 뒤 그중 절반에 페니실린을 주사했더니 24마리가 회복되고 죽은 쥐는 한 마리뿐이었다는 극적인 효과를 발휘했다.

페니실린이 처음으로 인간에게 사용된 것은 1941년 2월의 일로서 패혈증에 걸려 약도 효력이 없게 된 런던의 경관이 시험대에 올랐다. 1회 주사한 것만으로 곧바로 회복의 징조가 보였고 다행히도 그는 그의 생명을 단단히 붙잡을 수 있었다. 그러나 뭐니 뭐니 해도 가장 유명한 것은 제2차 세계대전 중에 폐렴으로 중태에 빠졌던 영국의 처칠수상을 구한 것이었다. 1945년 플레밍은 옥스퍼드 그룹의 플로리, 젠과 함께 노벨상을 수상했다.

제2차 세계대전 중 미국에서 대량생산 방식이 확립되어 다수의 인명을 구했다. 이렇게 해서 얻은 페니실린은 산에 약한 페니실린G로서 위산으로 분해돼 버리기 때문에 주사액만 만들어졌으나 그 뒤 산에 센 페니실린V가 개발되어 정제에 의한 경구투여가 가능하게 되었다.

페니실린은 20세기의 마법이라고 불릴 만큼 항생물질 시대의 톱타자로서 등장했으나 그 뒤 계속해서 새로운 항생물질이 발견되어 세균성 전염병인 「죽음에 이르는 병」은 거의 없어졌다. 그러나 항생물질이 빈번하게 지나치게 쓰이기 때문에 병원균에 내성(저항력)이 생겨서 점점 항생물질의 효력이 없어지게 된다는 문제가 생겼다. 이러한 점은 항생물질에 한정된 것이 아니라 의약품의 숙명으로 부작용의 문제와 함께 특히 항생물질의 유효 사이클을 짧게 하고 불요불급한 사용은 엄격히 금지할 필요가 있을 것이다.

필

필이란 본래는 정제를 의미하는 말인데 오늘날에는 피임약의 정제를 의미하게 되었다. 피임약은 어느 것이건 현대의학의 특허품은 아니다. 미국의 의학사 연구가들에 의하면 오스트레일리아 원주민의 처녀들은 감자의 일종을 먹고 피임했다고 한다. 사실 미국의 마커는 1938년 멕시코의 참마에서 필의 성분인 황체 호르몬의 프로게스테론을 추출했다.

프로게스테론은 이보다 앞서 1934년에 부테넌트, 알렌, 스롯트, 하르트만의 네 조의 연구팀이 각각 독립해서 발견한 여성호르몬이다.

뒤에 핀카스 등은 이 황체호르몬을 이용해서 최초의 필을 만들었다. 그들은 여성이 임신하면 혈액의 여성호르몬 농도가 증가하여 FSH[소포성숙(小胞成熟) 호르몬]나 LH[황체형성(黃體形成) 호르몬] 등 배란을 제어하는 뇌하수체 호르몬의 분비가 억제되는 것을 관찰했다. 이러한 사실을 기초로 하여 발정물질인 에스트로겐으로부터 황체물질인 게스타겐까지 FSH나 LH 등의 분비를 억제하는 물질을 여러 가지 비율로 섞어서 시험을 되풀이한 뒤 가장 효과가 있는 것을 피임약으로 세상에 내놓았던 것이다. 따라서 필을 먹으면 여성은 인위적으로 임신한 경우와 마찬가지 호르몬 상태가 되는 것이다.

화학적으로 이러한 여성호르몬은 대부분 스테로이드류에 속하며 스테란골격을 지니고 있다. 이것을 확인한 것이 앞에서 설명한 부테난트 교수로서 1939년 이 공적으로 노벨상을 수상했다.

8장

병해충과의 싸움, 농약

메뚜기떼

구약성서의 출이집트기에 다음과 같은 내용이 있다. 「…모세는 이집트 땅 위에 지팡이를 꽂았다. 그랬더니 하나님은 밤낮 계속 동쪽 바람을 불게 했다. 아침이 되자 동쪽 바람을 타고 메뚜기떼가 몰려와서 이집트의 모든 땅을 휩쓸었다. 오늘날에도 누구도 본 일이 없을 만큼의 큰 떼여서 하늘이 까맣게 돼 버렸다. 메뚜기떼는 초목은 말할 나위도 없고 과일도 가리지 않고 먹어치워 이집트 땅에 녹색을 띤 것은 무엇이나 남지 않았다……」 이것은 수천 년 전의 사건을 적은 것이지만 오늘날에도 아프리카 대륙에서는 자주 메뚜기떼의 내습으로 지상에 있는 식물을 모두 먹어치워 버린다고 한다.

메뚜기뿐만 아니라도 병해충은 많다. 쥐가 매개하는 페스트에 의해 죽음의 거리가 되어 버린 이야기가 중세 유럽에는 몇 번이고 있으며, 20세기에 들어와서도 1915년에 발칸반도의 세르비아 지방(오늘날의 유고슬라비아의 일부)에서 페스트 때문에 매일 9,000명의 인명을 잃었다. 또한 전쟁 뒤에는 반드시라고 해도 좋을 만큼 이가 번식해 발진티푸스가 만연한다. 제1차 세계대전 뒤의 러시아, 제2차 세계대전 뒤의 독일, 일본 등이 그 보기이며 나이든 사람 중에는 그 생각을 되살리면 멍해지는 경우도 많으리라 생각한다. 말라리아나 황열병을 매개하는 학질모기도 오랫동안 열대지방의 개발이나 경제발전을 방해했다.

오늘날에는 살충제나 살서제(殺鼠劑)의 발달로 페스트도 거의 발생하지 않는다. 요즘 세대는 발진티푸스가 무엇인지 잘 알지 못할 것이다. 말라리아나 황열병도 살충제의 도움으로 적어졌고, 파나마 지방에서는 학질모기를 구제(驅除)할 수 있게 되어 처음으로 파나마운하 건설계획을 구체화했다고 한다. 그러나 오늘날에도 병해충 특히 해충에 의한 농산물의 피해는 예상수확량의 35% 이상이라고 하며 전 세계의 피해를 합해 금액으로 환산했을 때 연간 수십조 원을 상회할 것으로 추산되고 있다. 그러므로 살충제와 제초제 등 농업을 중심으로 이야기를 진행해 보기로 하자.

제충제(除蟲劑)와 살충제

페르시아(지금의 이란) 등 중근동에서 제충제로 수백 년 전부터 사용되어 왔던 것이 제충국(除蟲菊)으로서 일본에서는 오늘날에도 모기향이나 분무제로 아직도 쓰이고 있다. 주성분은 피레트린이다. 그러나 강력한 살충제로 유명한 것은 스위스의 화학자 뮐러(Paul Hermann Müller, 1899~1965)가 발명한 DDT, 즉 디클로로-디페닐-트리클로에탄(Dichlolo-Diphenyl Trichloroethan)이다. DDT는 곤충에 닿으면 말단신경부터 침입해서 신경계통에 해를 준다. DDT가 사용됨에 따라 말라리아, 티프스, 페스트, 황열병 등의 전염병을 매개하는 해충은 거의 완전히 구충되었고, 면이나 감자나 과일 등의 해충도 어느 정도 퇴치되었다. 1970년에는 세계에서 약 20만 톤의 DDT가 생산되었다. DDT를 발명한 공적으로 뮐러는 1948년 노벨상을 수상했다.

그러나 DDT는 장점만 있는 것이 아니라 단점도 있어서 환경오염의 전형적인 케이스로 취급되고 있다. DDT가 살충제로서 뛰어난 것은 지방에 잘 녹고, 매우 안정한 화합물이라는 두 가지에 바탕을 두고 있다. 그러나 이 두 가지 장점이 역으로 지구상 곳곳에서 동물의 체내로부터 고농도의 DDT가 검출되는 원인이 되는 것이다. 어쨌든 하천, 호수, 해양에 사는 동물은 물론 우리 체내에서부터 젊은 어머니의 모유에 이르기까지 DDT에 오염되어 버렸다. 특히 해조(海鳥)의 경우에는 번식능력이 위협받기에 이르렀다. 무엇보다도 지방에 녹기 쉽기 때문에 동물 체내에 흡수되어 축적돼서 여러 가지 해로운 작용을 하는 것이다. 이러한 작용 중 하나가 호르몬 등을 체외로 배출시키는 작용을 하는 효소를 체내에 만들어낸다는 것이다. 또한 이로운 벌레와 해로운 벌레의 균형을 무너뜨렸다. 예를 들면 면화나 과수원 부근의 꿀벌이 DDT에 의해서 전멸되어 버렸으므로 꿀벌을 천적(天敵)으로 하는 해충이 크게 늘어나 면화나 과실에 큰 손해를 입히는 사고가 여러 곳에서 발생했다. 이러한 부작용이 크기 때문에 오늘날에는 DDT의 사용을 금지한 나라가 많다.

또 하나 살충제로서 뛰어난 것은 유기인산에스테르로서 그중에서도 E605나 파라티온이 잘 알려져 있다. 이러한 종류의 살충제는 곤충의 체내의 효소, 특히 콜레스테리나아제를 공격해서 그 기능을 저해시켜 호흡계통을 마비시켜 버린다. 그런데 유기인산에스테르는 보통의 기상조건에서는 분해되기 쉬우나 독성이 매우 세므로 용도를 제한하며 사용할 때는 엄격한 주의가 필요하다.

살서제(殺鼠劑)

쥐는 매우 영리한 동물이므로 어설픈 독이라면 금방 분별해서 먹지 않는다. 또한 곧바로 센 효력을 나타내는 독이라면 두 마리째의 쥐는 경계하고 다음부터는 먹지 않는다. 오늘날 시판되는 살서제는 대부분 쿠마린의 유도체로서 쥐가 즐겨먹는다. 지효성(遲效性)의 독물(毒物)이므로 몇 번씩 먹으면 점점 혈액을 응고시키는 프로트롬빈의 기능이 저해되어 결국 죽게 된다. 동시에 시신경도 침범하기 때문에 밝은 곳에서 죽는 일도 있다. 이러한 지효성이 있는 약이 나타난 덕분에 쥐에 의한 농산물의 피해도 감소되었고 페스트도 자취를 감추었다.

제초제(除草劑)

제초제의 사용량은 해마다 증가일로에 있다. 1971년의 1년간 미국에서의 사용량은 20만 톤까지 신장했다고 한다. 서독(현 독일)에서도 연간 약 2만 톤이 소비되어 밭의 80%, 채소밭의 90%가 제초제의 도움을 받고 있다. 그렇다면 어떻게 해서 이처럼 많은 제초제가 사용되는 것일까. 그 이유를 생각하면 첫째로 노동력의 부족을 들 수 있다. 둘째로 인건비의 절약이다. 셋째는 인가에서 떨어진 광대한 넓이의 밭이나 산림 등의 제초가 가능하다는 것 등이다. 넷째로는 기술적인 문제이지만 탈곡기(脫穀機)나 콤바인 등으로 탈곡하면 어떻게 해서든 잡초가 섞여 들어오기 마련인데, 제초제를 사용하면 이것을 최소한 방지할 수 있다. 다섯째로는 그린피스 등의 채소나 과일의 수확도 오늘날에는 기계화되어 있는데, 모양이나 크기가 비슷한 나무의 열매나 풀의 열매, 잡초 등이 섞여드는 것을 네 번째와 같은 조작으로 피할 수 있다는 점이다.

제초제에는 ① 식물의 광합성 기능을 저해하는 것. ② 식물의 호흡기능을 마비시키는 것 ③ 성장에 관여하는 효소의 기능을 저해하는 것 등 여러 가지가 있다.

첫 번째로 광합성기능을 저해하는 계통의 것에는 트리아진계의 제초제가 있다. 예컨대 시마틴에는 글루코스의 합성을 저해하는 성질이 있다. 당이 없으면 카탈라아제라는 효소는 자외선에 의해서 분해된다. 그런데 클로로필(엽록소)이 충분히 그 기능을 발휘하기 위해서는 카탈라아제의 존재가 필요하므로 카탈라아제가 분해되면 결국 클로로필도 분해돼 버린다. 시마틴을 뿌리면 식물의 잎이 하얗게 되는 것은 이러한 이유에서이다.

식물의 호흡기능을 마비시키는 것이 디니트로-페놀계의 제초제이다. 단적으로 말하면 식물의 호흡계통의 효소기능을 차단하는 물질이다. 따라서 이러한 종류의 제초제를 분무기로 살포하면 식물은 곧 고사되어 버린다. DNOC(2-메틸-4, 6-디니트로페놀, 2-methyl-4, 6-dinitrophenol)가 이러한 계통의 대표적인 제초제이지만, 인간이나 가축에도 유해해서 7~10mg으로 모르모트가 죽는다. 셋째의 부류, 즉 성장에 관여하는 효소의 기능을 저해시키는 것이 페녹시 지방산이다. 제2차 세계대전 중 영국에서 MCPA(2-메틸-4-클로로·페녹시초산, 2-methyl-4-chloro-phenoxy acetate)가 발견되었고 미국에서도 2, 4D(2,4-디클로로-페녹시초산,

2,4-dichloro-phenoxy acetate)가 발견되어, 전후 삽시간에 세계적으로 사용되기에 이르렀다.

실은, 제초제에는 제4의 부류가 있는데 염소산나트륨($NaClO_3$) 등을 대표로 하는 염소산염계의 물질이다. 단지 염소산염계의 제초제는 유해한 식물일 뿐만 아니라 모든 식물을 고사시켜 버린다. 또 수용성이기 때문에 하천의 물이나 지하수를 오염시킬 위험이 있다는 등 문제가 많다. 첫째의 부류에서 셋째 부류까지의 제초제에는 다소의 차이는 있으나 특정의 채소, 곡물, 과일 등 유익한 식물에는 작용하지 않고 잡초나 특정한 유해식물만을 구제한다는 선택성이 있으나, 염소산계 염소의 제초제에는 이러한 선택성 없이 무차별하게 작용한다는 문제가 있다. 염소산은 성냥 등에도 사용하는 산화제이며 음료수에 섞이면 우리의 건강을 해치고 하천에 흘러 들어가면 어패류에도 영향을 주어 생태계의 균형을 깨뜨릴 위험이 있다. 값싸지만 사용할 때 세심한 주의가 필요하다.

9장

미래사회와 화학의 역할

100년 후

「내년 일을 말하면 귀신이 웃는다」라고 전해지는 비유도 있으나 백 년 후의 일을 말하면 도대체 어떻게 되는 것일까. 어쨌든 백 년 후의 생활을 SF를 흉내 낸 미래소설 스타일로 적어보자.

「…서기 2078년 1월 1일. 쾌청한 봄 날씨의 하루가 시작된다. 확성기에서 작은 새 소리가 흘러나오고 있다. 기온 18℃, 낮에는 22℃로 올라가고 10시와 4시에는 15분씩 비가 내린다. 정오의 일기예보 그대로이다. 몇 년 전 도시 전체가 경금속과 플라스틱으로 만든 거대한 돔으로 덮인 다음부터는 일기도 시민들이 바라는 대로 집중제어할 수 있게 되었다. 투표의 결과 시민들은 봄의 따사로움을 선택했던 것이다.

태양은 7시에 뜬다. 이전에는 1월이면 9시경에 겨우 밝아지는 것이 상례였으나, 지금은 1일에 1회, 열과 빛을 내는 에너지 방출장치 즉 인공태양이 동쪽에서 서쪽으로 돔 위를 움직여 원모양의 천정에서 그 위치를 알 수 있게 돼 있다. 이것은 봄, 여름, 가을, 겨울의 계절감으로 생활하던 때의 습관을 아직 벗지 못한 나이 많은 사람들의 낡은 시대에의 향수를 배려한 것이었다. 말하자면 낭만적인 타협의 산물인 것이다. 인공태양에 필요한 에너지원은 지하의 원자력발전소이다. 에너지원도 아주 변해버렸다. 이전에는 석탄이나 석유를 태워서 발전시켰으나 이 사실을 알고 있는 사람도 지금은 그리 많이 남아 있지 않다. 에너지를 얻기 위해서 인류가 그런 비경제적인 방법을 사용했다니 21세기 후반에 사는 우리는 도저히 상상할 수 없다. 석탄이나 석유를 태워서 더구나 분진(粉塵)을 공중에 날려 보내고 이산화황(SO_2)이나 일산화탄소(CO) 등의 독가스를 방출하고 나아가서 소중한 천연자원인 석탄이나 석유를 글자 그대로 대기 중에 방출했다는 것이다. 열역학의 제2법칙으로부터 어떻게 조작해도 연소에너지의 40% 이상을 전기에너지로 바꾸는 것은 불가능한 것이다. 나머지 60%는 아깝게도 이용할 수 없게 방출되어 버린다. 20세기의 사람들은 왜 그리도 쓸데없는 일을 했을까.

21세기 후반인 오늘날에는 석탄이나 석유는 오로지 화학공장에서 쓰여 화학섬유, 플라스틱, 의약품, 염료 등 우리들의 생활에 도움을 주는 것을 만드는 합성화학원료로써 유효하게 이용되고 있다. 이러한 공장들이 모인 공장지대도 도시와 마찬가지로 경금속이나 플라스틱제의 돔으로 덮여 있는 폐쇄계(Closed System)이므로 20세기 후반에 세계를 뒤흔든 환경오염이라는 말도 오늘날에는 화학사의 전문서를 읽지 않으면 알 수 없는 죽은 말이 되었다.

1978년 당시의 환경오염 원인의 하나로 가솔린엔진으로 달리는 자동차의 배기가스가 있었던 것 같다. 그러나 오늘날에는 화학자나 기술자의 힘으로 자동차라는 이름의 소음과 악취를 내뿜는 진부한 승용차는 이제 사라져 버렸다. 2078년의 우리에게는 조용히 달리는 플라스틱제의 차체로 된 견고한 전동차가 있다. 도시 간에는 고속전동차 망이 둘러싸고 있어서 바라는 곳에 실어다 주므로 한 사람당 한 대의 차라는 낭비는 없어졌다. 전동차의 동력은 수소와 산소라든가, 탄화수소와 산소를 배합한 연료전지로서 산화할 때 방출되는 화학에너지를 열로 변화시키지 않고 직접 100% 전기에너지로 바꾼다. 화학사의 책에 따르면 2030년에 이러한 획기적인 연료전지용의 촉매를 발명한 화학자는 2040년에 노벨상을 수상했는데 어쩌면 당연한 일일 것이다….」

마치 이러한 내용이 될 것 같은데 당연하다고는 말할 수 없어도 틀린 이야기는 아닐 것이다.

여기에서 나온 몇 개의 보기에서도 알 수 있는 바와 같이 백 년 후의 사회에서 화학이 이룩하는 역할은 크다. 개발이 진행되면 진행될수록, 또 고도로 공업화가 진행될수록 화학에 대한 의존도가 높아진다. 결국 미래 사회에서의 최대의 과제는 이 한정된 지구상에 우리 인류가 살아남으려면 어떻게 하는 것이 좋을까에 귀결된다. 이를 위해서는 ① 환경보존 ② 인공 증가 ③ 식량 확보 ④ 에너지 문제 ⑤ 보건과 난치병 극복 등의 여러 가지 문제를 해결할 필요가 있다. 이러한 문제는 그 어느 것을 보아도 화학에 거는 기대가 크다. 이 장의 제목과 마찬가지로 확실히 「미래를 만드는 화학」이다. 이 중에서 ②와 ③에 관해서는 의약품이나 농약의 장에서 이미 다루었고 다음의 항에서는 ①의 환경오염을 중심으로 ④의 에너지 문제를 조금 다루고 나아가서 ⑤ 중에서 인공장기(人工臟器)에 관해서 간단하게 설명하고자 한다.

대기오염, 인류는 21세기까지 살아남을까?

1952년 12월 그것은 안개의 도시 런던에서 일어났다. 추운 겨울과 짙은 안개, 12월의 런던은 아무런 변화도 없는 그저 평소와 다름없는 그런 안개의 날씨였다. 그런데 오직 한 가지 다른 것이 있었다. 안개는 점점 그 농도를 더해서 템스강을 따라 넓어지고 잉글랜드 전토(全土)를 덮어 버렸던 것이다. 3~4일간 안개는 걷히지 않고 교통체증은 각지에서 일어났고 자동차 사고가 빈번히 일어났다. 또한 어린이들이 차례로 병에 걸려 기관지염, 폐렴을 비롯하여 심장병 등 중환자가 속출하기에 이르는 등 이상 사태에 빠졌다. 결국 사망자도 발생했다. 안개의 날은 다시 3일 더 지속된 뒤에야 드디어 태양이 얼굴을 내밀었다. 그 후에도 3주일간 사망률은 계속 상승했다. 영국보건성의 발표에 따르면 이 안개가 직접 원인이 되어 사망한 사람의 수는 3,500~4,000명에 이르렀다.

이 사건은 런던 주택의 난방과 깊은 관련이 있다. 당시 런던의 난방은 대부분 석탄을 태우는 난로였는데 굴뚝도 충분하지 않고 검은 연기를 묵묵히 내뿜고 있었다. 이 연기의 이산화황이 환자나 사망자를 낸 범인이었다. 그 이후에 꼭 같은 진한 안개에 의한 사망사고가 두 번씩이나 계속됐으므로 사태를 중시한 영국 정부는 보조금을 내서 난방을 가스나 전기로 바꾸도록 행정지도를 했다. 이러한 효과는 곧 눈앞에 나타나서 그다음에는 이처럼 심한 안개에 의한 사망사고는 없어짐과 동시에 런던의 겨울의 일조시간(日照時間)도 길어졌다. 런던의 안개는 구식의 석탄 난로에서 나오는 매연과 분진이 핵이 되어서 생기는 것이므로 연료의 변환에 의해 안개

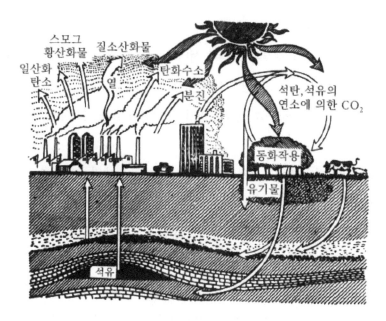

환경오염과 원소의 순환

도 생기기 어렵게 된 것이다.

　그러나 런던의 경우와 같이 그 원인을 분명히 알 수 있고 대책을 세우면 그것이 꼭 적중해서 한꺼번에 해결이라는 좋은 결과가 나오는 케이스는 환경오염의 경우에는 매우 드물다. 대부분은 무엇이 원인이 돼서 이러한 결과가 되었다고 하는 인과관계가 선명하지 않다. 그렇다면 대기오염의 원인은 무엇인가. 많은 나라에서 대기를 가장 오염시키는 것은 자동차이고 다음으로 화력발전소, 화학공장, 중공업으로 이어진다. 더욱이 가정용의 난방 또는 취사할 때의 연기도 많이 모이면 무시할 수 없는 영향력을 발휘하게 된다.

대기오염은 거의 대부분의 경우 석탄과 석유와 같은 화석연료(化石燃料)의 산화 즉 연소가 그 원인이 된다. 연소해서 최종적으로 물과 이산화탄소(CO_2)가 되는데 지구를 둘러싼 대기 중 CO_2의 양은 해마다 증가하고 있다.

1860년부터의 자료조사에 의하면 100년 사이에 대기 중의 CO_2의 양은 약 10% 증가했고 이러한 비율로 증가하면 서기 2000년에는 1860년 당시의 값보다 25% 증가에 이른다고 추정된다. CO_2 자체는 특별히 독성이 없으나 CO_2가 증가하면 밤에 지상에서 방출되는 복사열을 CO_2가 흡수해서 지상에 반사하여 우주로 나가지 않기 때문에 대기의 온도가 점점 상승하게 된다. 이러한 사실은 이 책의 서두에서도 다루었다. 즉 온실효과(溫室效果)라는 것이다. 기온이 얼마만큼 상승하면 지구상의 생태계의 밸런스가 파괴되어 이제까지 수확했던 곡식을 얻을 수 없게 되거나 이제까지와는 다른 질병이나 해충이 발생하거나 예기치 못한 일들이 여러 가지 일어날 수 있는 가능성이 있다. 또한 기온이 상승하면 북극이나 남극의 얼음이 녹아서 해면이 상승하여 각지에 홍수가 일어날 위험도 있어서 주의를 요한다. 그러나 오늘날 다행히도 대기의 온도가 특별히 상승했다는 징조는 보이지 않고 해면의 상승도 관측되지 않았다.

대기오염물질의 주성분 중 하나가 황의 산화물(SO_x)이다. 1년간 대기 중에 방출되는 이산화황(SO_2)의 양은 서독(현 독일)에서만 약 400만 톤, 전세계적으로는 연간 5천만 내지 1억 톤에 이른다고 한다.

자연계에서는 본래 생물의 부패물로부터 연간 2억 톤 이상의 황화수소(H_2S)가 발생하고 있다. 달걀이 썩었을 때 발생하는 냄새의 주성분이다. 따라서 자연에는 본래 황화합물을 스스로 처리할 수 있는 능력이 있는 것이다. 대부분은 산화되어 SO_2가 되고 다시 태양의 빛 작용으로 SO_3로 변하고 수분을 얻어서 황산 또는 황산염, 예컨대 석고가 된다.

따라서 SO_x에 의한 대기오염은 발전소나 공장지대 주변의 국지적인 문제로 취급할 수 있다. 국지적으로 SO_x의 농도가 높으면 황산이나 황산염의 미립자가 공중에 부유(浮遊)해서 이것이 일정한 농도 이상이 되면 핵이 되어 스모그가 발생하기 때문이다.

또 한 가지 스모그 발생의 원흉은 자동차의 배기가스 중 탄화수소이다. 오늘날의 자동차에는 배기가스 연소장치가 부착되어 있으므로 연소되지 않은 채의 탄화수소나 일산화탄소의 배출은 감소됐으나 역시 무엇보다도 자동차의 대수가 많아졌으므로 무시할 수 없는 양이 되고 있다. 탄화수소라 해도 메탄(CH_4)의 경우에는 식물의 부패로도 상당량 발생하지만 자연에는 스스로의 정화작용이 있어서 특별히 문제가 되지 않는다. 그러나 탄소사슬이 길어지고 방향족의 벤젠계 탄화수소가 증가해서 더욱더 탄화수소의 양이 많아지면 태양광선이나 질소산화물(NO_x)의 영향을 받아, 이것도 역시 광화학 스모그의 발생원이 된다. 더욱이 연소할 때 반드시 공기 중의 질소도 산화되어 산화질소(NO)나 이산화질소(NO_2) 등의 질소산화물(NOx)로 변한다. 태양광선과 NO_x로부터 탄화수소 라디칼이 되어 오존(O_3) 농도를 높이고 이산화황이 있으면 산화되어 SO_3로 변해서 앞에서 설명한 바와 같이 광화학 스모그를 발생시키는 것이다. 이와 같은 광화학 스모그를 정리하면 앞의 그림과 같이 된다. 또한 오존이나 동시에 생성되는 과산화물 등이 눈을 아프게 하거나 기분을 나쁘게 한다.

수질보전, 라인강에 악어가…

지금까지는 백 년 후의 사회에서는 원자력발전소에서 발전한다든가, 또는 대기오염을 막기 위해서는 화력발전에서 원자력발전에로의 전환이 필요하다는 내용의 이야기를 했다. 원자력발전에는 막대한 양의 냉각수가 필요하고 데워진 물을 본래의 하천이나 호수, 바다 등에 되돌려 보냈을 때의 영향에 관해서는 지금까지 아무것도 다루지 않았다. 그러나 수온이 상승한다는 것은 매우 중대한 일로서 ① 물에 녹아 있는 산소의 양이 감소한다. ② 물속의 박테리아나 미생물의 활동이 활발해진다. ③ 어패류의 분포가 변화하는 등의 영향이 나타난다. ①의 용존산소량의 감소는 어패류의 감소, 즉 단백질 자원의 감소로 연결되고 동시에 ②의 영향으로 물이 더러워져서 적조(赤潮) 등의 원인이 된다. ③에 관해서는 유럽에 많은 농어(鱸魚)와 비슷한 담수어인 에속스는 28~29℃, 뱀장어는 34℃가 한도이고 수온 30℃ 이상의 날이 며칠 계속되면 현존하는 고기는 거의 대부분 죽어버린다. 살아남은 것은 열대성의 동식물뿐일 것이다. 로렐라이의 바위 옆에 악어가 있거나 쾰른의 대성당 뒤에 파피루스가 군생(群生)하는 그림 등은 상상하기만 해도 아연해진다.

수온과 나란히 제기되는 문제는 하천이나 호수, 바다 등에 다량의 생활폐수가 흘러들어와서 물에 영양분을 제공하는 사태이다. 생활폐수 중에는 질소분이나 인산분이 많이 함유되어 있으므로 물속에 조류(藻類)가 무성하게 퍼져서 물속의 산소를 소비해 버린다. 이러한 결과로 어패류의 죽음, 플랑크톤의 이상발생(적조), 무산소 상태에서의 혐기적부패 등이 일어나서 결국에는 하천이나 호수, 바다도 더러운 물이 흐르는 시궁창이나 진흙탕이 되어 버린다. 오늘날 이러한 사태는 미국이나 유럽, 일본의 곳곳에서 일어나고 있다. 200해리 시대의 생존권이 달린 고기의 양식도 할 수 없게 되고 상수도의 물도 냄새가 나서 마실 수 없게 되고 위생상태도 나빠져서 우리의 생존도 위협받게 된다.

이에 대한 대책으로는 생활폐수의 정화, 세제 중에 인산염을 함유시키지 않는 것 등 곧바로 실행할 수 있는 것이 있다. 대부분의 소비자들은 알지 못하겠지만 세제 중에는 인산염이 섞여 있는데 이 인산염이 세탁물의 더러운 부분과 착염을 만들어서 때가 본래의 섬유로 되돌아가지 않게 하는 역할을 한다.

미국에서만 세제용으로 연간 13만 톤 정도의 인산염이 쓰인다. 따라서 미국이나 스웨덴을 비롯해서 세계 여러 나라에서 세제에 인산염을 섞는 것을 제한하는 법률을 제정하기 시작하고 있다. 인산염 대신에 NTA(니트릴로3초산: nitrilo-3-acetate)를 사용하는 움직임도 있으나 NTA의 카드뮴염은 탈리도마이드와 마찬가지로 태아의 기형의 원인이 되는 것으로 알려져서 곤란을 겪고 있다. 오늘날의 상태로는 세제에 인산염을 섞는 것을 제한한다는 것, 필요 이상 사용하지 않는다는 것 등 주의를 계속할 필요가 있다.

수질 보전에는 어쨌든 많은 비용이 든다. 이와 같이 긴급을 요하는 수질 문제에 서독(현 독일)이 1975년까지 사용한 돈은 280억 마르크를 하회한다고 한다. 그러나 우리가 21세기까지 살아남기 위해서는 뭐니 뭐니 해도 환경을 지키지 않으면 안 되는 것이다.

인공장기(人工臟器)

환경보전은 우리들의 건강을 지키는 점에서 질병을 예방하는 데 중요하다. 한번 질병에 걸리면 외과수술을 받거나 약으로 건강을 회복하기 위해 노력하지 않으면 안 된다. 의약품과 화학과의 관계에 관해서는 이미 앞의 장에서 설명했으므로 여기에서는 외과수술과 관련이 깊은 인공장기와 화학과의 연관에 관해서 생각해 보기로 하자.

심장이나 신장이 병에 걸려서 회복이 어려우면 이식하는 것이 좋다. 단지 면역이나 거부반응 등 의학상의 어려운 문제뿐만 아니라 누구의 장기를 제공할 것인가, 어느 시점에서 제공자의 사망을 단정할 것인가 하는 등 의학 플러스 윤리적으로 어려운 문제가 있다. 면역이나 거부반응을 밀어내면 세균성의 질병에 걸리기 쉬워져 다른 질병을 병발시켜 치명적이 될 수 있다. 또한 이식하기 위해서는 사실 살아 있는 장기가 좋지만 사망한 다음이 아니면 적출할 수 없다. 그렇다면 도대체 무엇을 가지고 사망으로 단정하는가,라는 문제에 봉착하게 된다. 이것은 어려운 문제로서 앞으로도 논의가 계속될 것이다. 그러나 인공장기라면 적어도 윤리상의 어려운 문제는 피할 수 있고 의학상의 문제에만 초점을 맞추어 문제의 해결을 꾀할 수 있는 것이다.

플라스틱의 항목에서 다루었지만 심장에는 플라스틱을 주된 재료로 한 페이스메이커나 판막이 이미 사용되고 있다. 미국에서는 1973년의 통계에 의하면 4만 명 이상의 사람들이 인공의 페이스메이커를 지니고 있다. 또 4만 5천 명 이상의 사람들이 플라스틱과 금속으로 만든 판막을 사용해서 건강한 사람과 손색없이 일을 하고 있다. 요즈음 미국의 굿이어사에서는 하루 생산 10개의 비율로 인공심장의 생산을 개시했다고 한다. 또한 미국의 다우 코닝사의 발표로는 오늘날까지 20만 명 이상의 수두증(水頭症)의 환자들에게 실리콘 - 고무의 튜브를 넣어 과잉의 뇌척수액(腦脊髓液)을 체내의 다른 부분으로 보내는 처치를 해서 성공하고 있다. 다른 재료면 표면에 곧바로 혈액이 괴어서 모이게 되지만 실리콘계의 고무나 수지의 표면에서는 혈액이 응고되기 어려운 성질이 있으므로 이것을 이용해서 여러 가지 용도로 쓰인다.

인공장기 중에서도 가장 진보된 것은 인공신장이 아닐까. 단지 매입식(埋込式)은 장점이 적어서 거의 대부분이 매입식이 아니다. 플라스틱의 반투막을 사용한 것, 활성탄으로 흡착시키는 방식, 속이 빈 섬유를 사용한 것 등 여러 가지가 있다. 오늘날 비교적 커다란 장치가 돼 버리므로 환자는 일주일에 2~3회 병원에 가서 혈액을 인공신장으로 정화시키지 않으면 안 된다. 이미 소형의 인공신장이 생산되기 시작했으므로 포터블의 인공신장이 만들어져서 가정에서 밤에 잠자는 사이에 정화를 끝내 버리거나 허리에 차고 다니면서 항시 정화할 수 있는 날도 그리 멀지 않은 것 같다.

의족, 의수, 인공관절 등도 로봇공학의 발달과 함께 눈부신 진보를 이루는데 이것은 의용공학(醫用工學)의 분야이다. 의학, 화학 외에 기계공학, 전자공학 등의 협동 작업이다. 화학은 주로 재료 부분에서 플라스틱, 합성수지, 합성고무, 섬유, 접착제 등의 유기재료를 맡아서 성과를 거두고 있다.

인공장기, 의용재료의 분야에서 화학이 맡을 역할은 앞으로도 매우 많을 것이다.

끝으로

끝으로 화학의 영역을 A. 기초화학, B. 응용화학으로 크게 나누고, 다시 C. 화학 주변의 과학을 덧붙여서 여러분들이 참고할 수 있도록 했다.

A. 기초화학

1. 유기화학: 탄화수소 및 그 유도체의 화학
2. 무기화학: 탄화수소의 화학 이외의 분야, 예컨대 금속, 비금속과 그 화합물의 화학
3. 물리화학: 화학반응을 거시적으로 취급하여 반응계 전체로서의 법칙성을 추구하는 화학
4. 분석화학: 물질의 성분을 결정하는 화학

B. 응용화학과 경계영역

5. 고분자화학: 거대분자의 화학. 플라스틱, 합성고무, 합성섬유 등의 합성과 물성을 연구하는 응용화학
6. 제약화학: 의약품의 합성과 제품에 관한 응용화학
7. 생화학: 생체 내 화학반응을 추구하는 화학. 화학과 의학과의 경계영역

C. 화학 주변의 과학

8. 생리학: 생체의 기능을 해명하는 의학의 일부분. 생화학과 관련이 깊다
9. 약리학: 의약품의 효능의 메커니즘을 다루는 학문
10. 미생물학: 세균, 조류를 비롯한 미생물에 관한 학문

역자 후기

　　우리 생활과 밀접하게 연관된 학문 분야로서 유독 화학만 내세울 수는 없겠으나 어쨌든 화학이라는 학문이 오늘날의 기술 문명을 이만큼 높은 수준으로 올려놓는 데 가장 크게 기여한 학문 중의 하나이며, 또 다가오는 미래에 지금보다 더 엄청나게 그 응용범위를 넓혀 나갈 것을 쉽게 예측할 수 있겠다.

　　한마디로 이러한 화학은 복잡한 기호로 표시되어서 매우 어렵게 받아들여진다. 이 책에서 저자와 같이 평이하게 이론을 도입 설명하고, 그것이 우리 생활에 미치는 편리함이라든가 영향을 자세히 알기 쉽게 설명하기란 여간 어려운 일이 아닐 것이다. 레오나르도 다빈치의 귀중한 그림이 미술전문가에 의해서가 아니라 분석화학자에 의해서 가짜임이 밝혀졌다던가, 트로이 전쟁과 청동기, 벤젠의 구조와 거북등 그리고 나일론과 페니실린 발견 뒤에 얽힌 이야기, 과학소설을 인용해서 미래 사회를 예측하는 등 매우 수준 높은 내용을 흥미 있고 쉽게 서술한 것을 엿볼 수 있다. 화학이 쉽고 재미있다는 것을 보여주는 것이다.

　　여러 가지 과학계몽서를 번역한 일이 있지만 이 책처럼 재미있게 이끌고 나간 책도 드물었던 것 같다. 번역할 때마다 느끼고 경험하는 것이지만 쉽게 풀이한 내용을 쉽게 옮겨서 독자들로 하여금 쉽게 이해하도록 하는 것이 얼마나 어려운가를 알 수 있다.

언제나처럼 깨끗하지 못한 원고를 정성스레 읽어 어색한 표현을 다듬어준 아내의 따뜻한 정성에 새삼 고마움을 표하고 싶다. 더욱이 금년처럼 심한 무더위에 제법 컸다고 애비의 일을 거들어주는 큰 녀석 성수와 섬세한 여학생의 센스로 항상 가정에 웃음꽃을 피우게 하는 수진이, 그리고 만화 그리기가 일품인 익살꾸러기 막내 현수의 도움도 있었다는 것을 특기하고 싶고 나아가서 건강과 안녕이 계속되는 우리 가정의 안온을 빈다.

끝으로 어려운 출판 여건에도 좋은 과학책을 만드시느라 노심초사하시는 손영수 사장님께 경의를 표하며, 이 책을 아름답게 꾸미노라 삼복더위에 심혈을 기울인 전파과학사 편집부 여러분들에게 고마운 뜻을 표한다.

박택규

도서목록
- 현대과학신서 -

도서목록
- BLUE BACKS -